AI筑梦系列

豆包

实战精粹

史卫亚　编著

人民邮电出版社

北　京

图书在版编目（CIP）数据

豆包实战精粹 / 史卫亚编著. -- 北京 : 人民邮电
出版社, 2025. --（AI筑梦系列）. -- ISBN 978-7-115
-67487-6

Ⅰ．TP18

中国国家版本馆 CIP 数据核字第 2025LY0583 号

内 容 提 要

本书通过实战教学的方式，系统介绍豆包模型（简称豆包）的相关知识及其高效的应用技巧。

本书共 7 章，第 1 章为快速入门，引领读者了解豆包的基本功能与操作方法；第 2 章为职场提效，介绍豆包在职场中的广泛应用；第 3 章聚焦学习跃升，介绍如何借助豆包进行知识获取与互动式学习等；第 4 章为生活助手，介绍豆包在旅行计划、美食探索等方面的便捷应用；第 5 章为豆包在创意设计领域的应用，介绍豆包在图像、音乐及视频生成方面的应用，激发用户的创造力；第 6 章为豆包电脑版的应用，展示豆包电脑版的特色功能，为用户提供更加灵活多样的使用体验等；第 7 章介绍豆包 App 的应用，如个性化设置及其特色功能等。

本书面向学生、职场专业人士以及对人工智能（Artificial Intelligence, AI）技术感兴趣的广大读者，既可作为个人提升工作效率与技能的自学资料，也可作为相关专业培训课程的参考教材。

◆ 编　著　史卫亚
　　责任编辑　李永涛
　　责任印制　王　郁　胡　南

◆ 人民邮电出版社出版发行　　北京市丰台区成寿寺路 11 号
　　邮编　100164　　电子邮件　315@ptpress.com.cn
　　网址　https://www.ptpress.com.cn
　　北京盛通印刷股份有限公司印刷

◆ 开本：700×1000　1/16
　　印张：11.75　　　　　　　　　2025 年 8 月第 1 版
　　字数：202 千字　　　　　　　2025 年 11 月北京第 4 次印刷

定价：69.90 元

读者服务热线：(010)81055410　印装质量热线：(010)81055316
反盗版热线：(010)81055315

前言

在数字时代，AI技术正以前所未有的速度改变着我们的工作和生活方式。从日常琐事到重要决策，AI技术的应用无处不在，极大地提高了人们的工作效率和生活质量。豆包作为字节跳动研发的AI模型，凭借其强大的自然语言处理能力和深度学习的技术底蕴，正逐步成为广大用户不可或缺的创意伙伴与提效工具。本书旨在引导读者充分利用豆包的强大功能，为自己的成长和发展助力，开启筑梦之旅。

本书特色

● 案例丰富，内容全面

本书不仅介绍豆包的基本操作方法，还提供大量的实战案例。从职场提效到学习跃升，从生活助手到创意设计，针对每一个应用场景进行详细的案例分析，同时讲解操作步骤。通过这些实战案例，读者可以更好地理解和掌握豆包的功能，提升自己的实际应用能力。

● 提示词进阶，技巧实用

本书不仅涵盖基本操作，还提供丰富的提示词进阶技巧。无论是润色文本、生成图片，还是制定教学大纲、生成会议纪要，本书都提供详细的提示词示例和操作指南。这些技巧不仅实用，还能帮助读者在使用豆包的过程中不断提升效率和优化效果。

● 场景引入，应用广泛

本书通过引入具体的应用场景，使读者能够在生活和工作中更好地应用豆包，解决实际问题。无论是营销人员的营销策划，还是教师的课程教学，或是家长的育儿助手，本书都提供相应的操作指南，帮助读者在不同领域高效地使用豆包。

● 全彩印刷，图文并茂

本书采用全彩印刷，图文并茂，内容更加生动、直观。通过丰富的图表和示例，读者可以更轻松地理解和掌握豆包的各项功能。同时，全彩印刷也能提升阅读体验，使读者的学习过程更加愉悦。

🔲 读者对象

本书适合以下读者对象。

• 学生。无论是大学生还是研究生，都可以通过本书学习如何利用豆包进行知识获取、学术论文撰写和个人成长规划，提升学习效率和学术水平。

• 职场人士。本书提供丰富的职场应用案例，可以帮助职场人士在文案创作、数据分析、会议组织和客户沟通中高效利用豆包，提升工作效率和职场竞争力。

• 对AI技术感兴趣的读者。本书不仅适合学生、职场人士，也适合对AI技术感兴趣的广大读者，可以帮助他们了解和掌握豆包的基本操作和高级应用。

🔲 注意

在使用豆包的过程中，读者需要注意以下事项。

1. 本书提供的提示词在实际应用时，生成的内容可能会与书中示例不同。这是因为豆包会根据用户的使用习惯和上下文环境，生成最符合当前需求的内容。这种差异属于正常现象，不会影响读者的学习和使用。

2. 豆包是一个不断升级和优化的AI模型，部分功能可能会随着版本的更新而有所变动。尽管如此，本书提供的思路和方法仍然具有广泛的适用性和极大的参考价值，能够帮助读者学习和使用豆包。同时，建议读者在使用过程中保持灵活性，根据实际情况进行调整。

3. 在使用豆包的过程中，版权和隐私问题是不可忽视的。读者在输入内容时，应确保不侵犯他人的版权，避免使用受版权保护的文本、图片和视频。同时，读者应注意保护个人隐私，避免在与豆包的交互中泄露敏感信息。

🔲 创作团队

本书由河南工业大学史卫亚编著。在本书的编写过程中，编著者已竭尽所能地将更好的内容呈现给读者，但书中难免有疏漏之处，敬请广大读者批评指正。读者在学习过程中如有任何疑问或建议，可发送电子邮件至 liyongtao@ptpress.com.cn。

史卫亚

2025年4月

资源与支持

资源获取

本书提供如下资源。

- 本书思维导图。
- 异步社区7天VIP会员。
- 视频教学文件。

要获得以上资源，您可以扫描下方二维码，根据指引领取。

提交勘误

作者和编辑尽最大努力来确保书中内容的准确性，但难免会存在疏漏。欢迎您将发现的问题反馈给我们，帮助我们提升图书的质量。

当您发现错误时，请登录异步社区（https://www.epubit.com），按书名搜索，进入本书页面，单击"发表勘误"，输入勘误信息，单击"提交勘误"按钮即可（见下图）。本书的作者和编辑会对您提交的勘误进行审核，确认并接受后，您将获赠异步社区的100积分。积分可用于在异步社区兑换优惠券、样书或奖品。

图书勘误		发表勘误
页码： 1	页内位置（行数）： 1	勘误印次： 1

图书类型： ● 纸书　　电子书

添加勘误图片（最多可上传4张图片）

\+ 　　　　　　　　　　　　　　　　　　　　　　　　　　　提交勘误

◻ 与我们联系

我们的联系邮箱是liyongtao@ptpress.com.cn。

如果您对本书有任何疑问或建议，请您发邮件给我们，并请在邮件标题中注明本书书名，以便我们更高效地做出反馈。

如果您有兴趣出版图书、录制教学视频，或者参与图书翻译、技术审校等工作，可以发邮件给我们。

如果您所在的学校、培训机构或企业想批量购买本书或异步社区出版的其他图书，也可以发邮件给我们。

如果您在网上发现有针对异步社区出品图书的各种形式的盗版行为，包括对图书全部或部分内容的非授权传播，请您将怀疑有侵权行为的链接发邮件给我们。您的这一举动是对作者权益的保护，也是我们持续为您提供有价值的内容的动力之源。

◻ 关于异步社区和异步图书

"异步社区"（www.epubit.com）是由人民邮电出版社创办的IT专业图书社区，于2015年8月上线运营，致力于优质内容的出版和分享，为读者提供高品质的学习内容，为作译者提供专业的出版服务，实现作译者与读者的在线交流互动，以及传统出版与数字出版的融合发展。

"异步图书"是异步社区策划出版的精品IT图书的品牌，依托人民邮电出版社在计算机图书领域40多年的发展与积淀。异步图书面向IT行业以及各行业使用IT的用户。

目录

3

第3章
学习跃升：豆包知识赋能站

4 第4章
生活助手：豆包日常小秘书

5 第5章
创意设计：生成图像、音乐和视频

6 第6章
智能利器：豆包电脑版的应用

7 第7章
移动助理：手机中的专属AI助手

第1章

快速入门：解锁豆包的无限可能

在数字时代的浪潮中，AI正以前所未有的速度改变着我们的生活方式与工作模式。本章旨在为你全面揭开豆包AI模型的神秘面纱，深入探索其强大的功能与无限的潜力。通过系统学习，读者将能够熟练掌握豆包的基本操作，理解其背后的智能机制，进而在职场、创作、生活中游刃有余地运用豆包，开启高效、便捷的智能新篇章。

1.1 初识豆包

作为智能对话领域的佼佼者，豆包凭借其强大的自然语言处理能力和深厚的深度学习技术底蕴，正逐步成为广大用户不可或缺的创意伙伴与提效工具。本节将带你初步认识豆包。

1.1.1 了解豆包

豆包基于云雀模型构建，旨在成为用户工作和学习中的得力AI助手。它通过自然语言处理技术，以对话的形式帮助用户快速获取信息和解决问题。豆包支持多种运行平台，包含网页版、电脑版和豆包App，这使它能够灵活地融入用户的数字化生活中，随时随地提供帮助。

豆包不仅能够提供基础的对话服务，它还具备强大的AI搜索功能，能帮助用户快速搜集最新资讯，翻倍提升信息搜集效率。在写作方面，豆包能够提供灵感，支持用户驾驭各类体裁和风格，成为写作过程中的得力助手。此外，豆包的快速摘要功能可以一键从网页、PDF文件中总结内容并生成亮点，极大地提高了阅读和信息处理的效率。这些功能使得豆包成为一个多才多艺的AI工具，能够在多种场景下为用户提供实质性的帮助。

另外，豆包还是一个综合性的AI智能体平台，可以通过智能体的形式来满足用户在不同场景下的需求。这些智能体专为特定的应用场景设计，如AI图片生成、写作辅助等。此外，豆包还支持用户创造自己的智能体，这极大地扩展了豆包的功能性和个性化程度。

接下来，本书各章将详细介绍豆包的实战应用及技巧，帮助读者更好地理解和利用这一强大的工具。

1.1.2 AI的隐私与版权

在数字时代，AI技术的快速发展为内容创作带来了前所未有的便利。无论是文字、图片还是视频，AI都能够以惊人的速度高质量生成，但随之而来的隐私与版权问题不容忽视。

在隐私方面，当使用AI生成内容时，我们要警惕数据来源是否涉及他人隐私信息。

很多AI模型是通过大量数据训练而成的，若这些数据中包含个人隐私信息，在使用AI生成内容的过程中就可能存在隐私泄露的风险。因此，在向AI提供个人信息以获取定制化内容时，我们也要谨慎考虑信息的敏感性和潜在的泄露风险，注意保护个人隐私信息（如身份号码、银行账户信息等）。

在版权方面，AI在生成内容时，可能会借鉴或模仿已有的作品，从而引发侵权争议。作为用户，我们在利用AI生成的内容时，必须明确作品的版权归属，确保不侵犯他人的版权。我们不能随意将AI生成的内容用于商业用途而不考虑版权问题，应在使用前进行充分的调查和确认。

因此，虽然AI具备强大的内容生成能力，但用户必须谨慎对待隐私与版权问题，合理、合法地使用AI。

1.2 注册、登录与操作界面

在简要介绍了豆包之后，本节将介绍注册、登录流程及主要功能区域，助你快速上手豆包。

1.2.1 快速注册与登录

在使用豆包之前，注册与登录是不可或缺的一步。本小节将详细介绍注册与登录的具体步骤，让读者轻松开启智能对话的旅程。

步骤 01 使用浏览器打开豆包官方网站，单击右上角的【登录】按钮，如下图所示。

步骤 02 弹出登录对话框，输入手机号，然后勾选【已阅读并同意豆包的使用协议和隐私政策】复选框，单击【下一步】按钮，如下图所示。

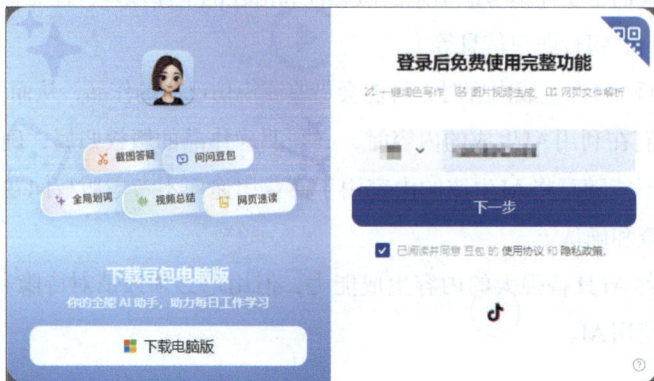

步骤 03 获取短信验证码，在对话框中输入6位验证码，如下图所示。

步骤 04 进入豆包主页面，如下图所示。

1.2.2 熟悉操作界面

豆包网页版的操作界面设计简洁明了，功能布局一目了然，主要分为侧栏、对话框和输入框3个部分，如下图所示。

1. 侧栏

侧栏中包含豆包的标志（logo）、主要功能及最近对话、智能体等。

2. 对话框

如果用户正在与豆包互动，此区域将显示用户的输入内容、豆包的回复以及对话记录。

3. 输入框

输入框是用户与豆包进行交互的区域。用户不仅可以在其中输入提示词，还可以粘贴和拖曳链接、文档等内容，以获取更丰富的信息或执行更复杂的任务。另外，输入框下方显示了置顶的常用技能，如帮我写作、图像生成、AI搜索等。

1.3 基本对话操作

掌握基本对话操作，是高效利用豆包的关键。从发送提示词到接收回复，每个步骤都简单易懂。

5

1.3.1 开始第一次对话

与豆包的交流，像聊天一样，只需输入文字，发送给它，即可开启对话之旅。

步骤01 在豆包操作界面中，单击输入框，即可开始输入提示词内容，如下图所示。

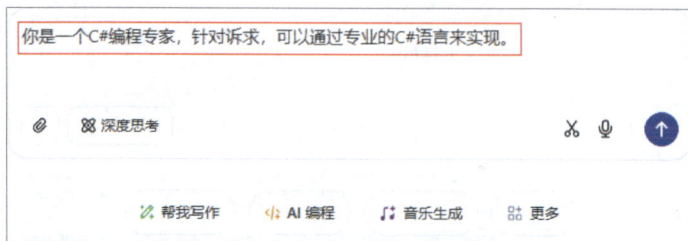

> **提示：** 在输入提示词时，可以单击【语音输入】按钮🎤，通过计算机上的话筒进行语音输入。

步骤02 在输入时，如果要换行，可以按【Shift+Enter】组合键，进行换行输入，然后单击【发送】按钮↑，如下图所示。

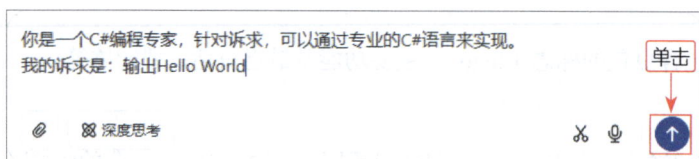

步骤03 此时，豆包即会根据提示词，开始生成相应的内容，如下图所示。如果在生成过程中要停止生成，则单击【停止回答】按钮◉，这样可停止内容生成，随时打断生成结果，即刻开启新话题。

步骤 04 如果需要修改发送的提示词，将鼠标指针移至提示词位置，单击显示的【修改】按钮 ✎，如下图所示。

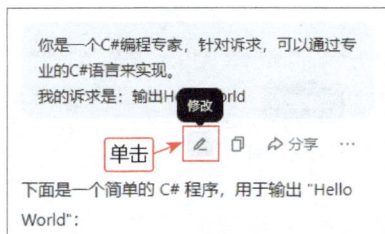

步骤 05 此时即会显示编辑框，修改提示词，单击【发送】按钮 ↑，如下图所示。

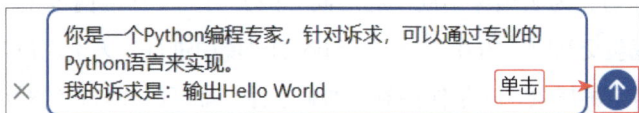

步骤 06 豆包即会根据新提示词生成相关内容，如下图所示。

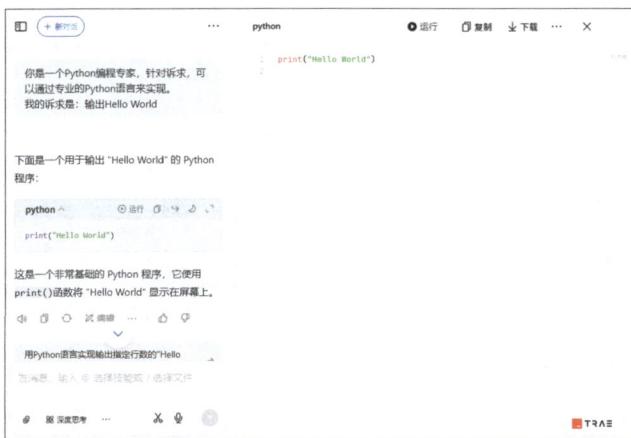

步骤 07 如果对回答的问题不满意，可以单击【重新生成】按钮 ↻，如下页图所示，豆包会重新生成答案。

提示：单击 ▢ 按钮，可以直接复制文本内容；单击 ⋯ 按钮，会弹出操作菜单，可以执行收藏、举报及删除操作；单击 👍 或 👎 按钮，可以对回答进行评价，有助于提高答案的准确性和质量，使之贴近用户的提问要求。

1.3.2　开启新对话

在使用豆包时，为了确保不同主题之间界限分明且后面的内容不受先前内容的影响，用户在与豆包交互时，需在一个界定清晰的语境中进行。无论用户是希望转换讨论的话题、设定特定的场景，还是保持对话的独立性，都可以开启新的对话。

选择侧栏中的【新对话】选项或者按【Ctrl+K】组合键，如下图所示，即可开启一个新的对话。

1.3.3　展开多轮对话

豆包支持展开多轮对话，可以智能识别与记忆上下文，实现连续对话，提升沟通效率，增加沟通深度，让人机交互更加自然、高效。

步骤 **01** 在输入框中输入提示词，如"我在北京，今天天气如何？"，豆包即会进行回复，如下页图所示。

我在北京，今天天气如何？

根据墨迹天气消息，北京今天（2025 年 6 月 3 日）的天气是多云，最低温度 16℃，最高温度 30℃，空气质量优，PM2.5 指数 3，湿度 15，北风 4 级。

当前 16:00 天气为多云，气温 29℃。预计 17:00 后转晴，气温将逐渐下降，后续气温及天气情况如下。

- 17:00，晴，30℃，北风 4 级，湿度 12。
- 18:00，晴，28℃，北风 4 级，湿度 12。
- 19:00，晴，26℃，北风 3 级，湿度 13。
- 20:00，晴，24℃，北风 3 级，湿度 15。

步骤 02 此时，如果想知道该地有什么景点，无须再强调地点，豆包可以理解上文的内容，如"请给我推荐一些好看的地方"，豆包即可推荐该地好玩的地方，如右图所示。

请给我推荐一些好看的地方

北京有很多好看的地方，涵盖历史人文景观、自然风光、现代建筑等多个类型，以下是一些推荐：

历史人文类

- **八达岭长城**：史称天下九塞之一，是万里长城的精华，在明长城中独具代表性。其地势险峻，山峦起伏，长城蜿蜒其上，宛如一条巨龙。登上长城，远眺群山，能深刻体会到"不到长城非好汉"的豪迈 ④。

景点 北京八达岭长城

我们可以继续围绕这个主题展开提问，例如"这些景点都需要门票吗""给我推荐一些好吃的店"等，豆包都可以根据上下文信息进行回复，帮助你准确地获取有用的信息。

1.3.4　开启推理模式，进行深度思考

豆包的深度思考采用"检索—推理—再检索"的动态循环模式，核心是将思维链展示与多轮动态搜索融合，模拟人类思考逻辑，支持自我质疑、假设验证与推理修正。其功能在于实现"边想边搜"，既能呈现完整推理过程，又能在思考中按需多次调用工具、搜索信息，从而处理复杂、模糊或跨领域问题。这个模式打破了传统 AI"先搜后想"的碎片化信息局限，解决了复杂场景下逻辑断层、信息片面等问题，让回答更具逻辑性与全面性，显著提升用户获取信息和解决问题的效率与质量。

> **提示：** 对于简单问题、明确的问题，如查询天气、基础计算或常识性问题，无须调用深度思考模式。因为普通模式已能快速提供准确答案，而调用深度思考模式会导致响应时间延长（需多步骤推理），且可能因模型过度推理产生冗余信息甚至逻辑偏差。

下面通过实际操作来了解深度思考模式的应用。

步骤 01 在输入框中输入提示词，单击【深度思考：开】按钮，调用深度思考模式，然后单击【发送】按钮⬆，如下图所示。

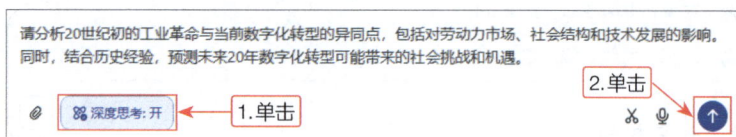

> **提示：** 深度思考功能的下拉列表中提供【自动】【开】【关闭】3个选项：选择【自动】选项时，系统会根据上下文自动切换状态；选择【开】选项时，系统将输出包含完整推理过程的答案；选择【关闭】选项时，可实现快速回答。读者可根据实际需求灵活选择。

步骤 02 此时，豆包并未直接回答，而是搜索并进行思考，展示了完整的思考过程，拆分和整合用户的需求，如下图所示。

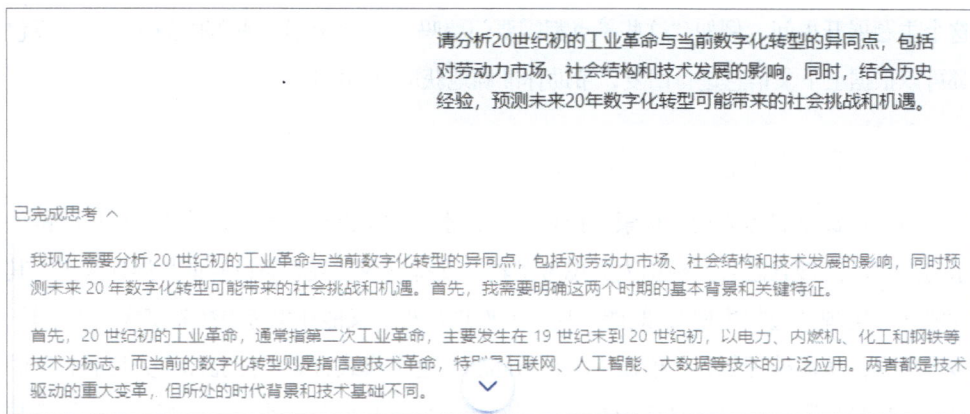

步骤 03 推理完成后，豆包即会生成相关的回答内容，如下页图所示。

是否需要继续搜索：

- 否，现有信息已足够覆盖用户问题的各个方面，包括历史对比、当前影响和未来趋势。补充的搜索结果提供了具体数据（如岗位替代数量、城市化率变化）、政策案例（如工厂法、数据治理）和技术应用案例（如量子计算在医疗中的应用），能够充分支持回答的深度和丰富度，进一步探索可能重复已有信息，不会显著提升回答质量。

20 世纪初的工业革命与当前数字化转型作为人类历史上两次重大技术变革，在重塑社会结构、劳动力市场和技术发展方面呈现出深刻的共性与差异。结合历史经验，未来 20 年数字化转型将在延续工业革命逻辑的同时，带来更为复杂的社会挑战与机遇。

一、工业革命与数字化转型的核心差异

1. 技术驱动逻辑的根本分野

工业革命以 **物理技术突破** 为核心，如电力、内燃机、化工合成等，其本质是通过能源转换和机械创新提升生产效率。例如，英国纺织业在蒸汽机驱动下，生产效率提升 400 倍，棉纺织品价格下降 93% [8] 。而数字化转型以 **信息技术重构** 为特征，通过数据、算法和网络协同实现生产要素的智能配置。例如，工业互联网平台可使制造业设备综合效率提升 30% 以上，产品不良率下降 20% [7] 。

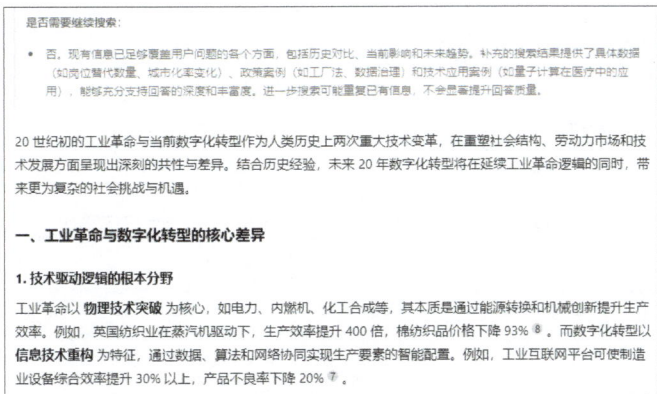

> **提示：** 在与豆包互动时，若遇到回答过长被截断或内容未完整生成的情况，可输入"继续"提示词，要求豆包继续输出后续内容。此外，用户也可以通过分段式提示词，例如"请展开说明第 N 点"或"请详细阐述核心论据"等，引导豆包针对特定部分进行深入展开和详细解释。

1.3.5 边写边生成：生成文档并编辑

豆包的"帮我写作"功能，不仅操作简单，还提供写作辅助，提升了写作效率。无论是撰写文章大纲，还是生成完整文档，抑或是将成果妥善保存，都能一气呵成。

步骤 01 选择侧栏中的【帮我写作】选项，在输入框中输入文本，单击【文档编辑器】按钮，单击【发送】按钮 ↑，如右图所示。

步骤 02 此时，

豆包即会进入文档编辑器页面，左侧为互动窗格，用于显示用户与豆包的互动记录，右侧为内容编辑窗格，用户可以直接对生成的内容进行删除和修改，如下页图所示。

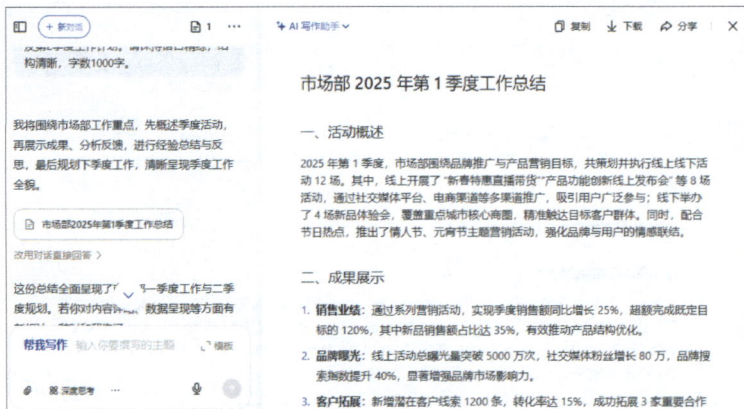

步骤 03 另外，将鼠标指针悬停在需要编辑的段落旁，单击文字左侧出现的 ✛ 按钮，会弹出快捷菜单，支持润色、扩写、缩写及调整语气等。例如，这里选择【调整语气】→【更专业】命令，如下左图所示。

步骤 04 此时，豆包会根据要求撰写内容。完成后，下方会出现【替换】和【插入】两个按钮。单击【替换】按钮，可以直接删除被编辑的段落，并将新内容插入文中，如下右图所示；单击【插入】按钮，则会将新内容直接插入文中，方便与原文进行对比。

步骤 05 文章撰写完成后，用户可单击右上角的【下载】按钮。在弹出的列表中，可以选择将文章下载为 Word、PDF 及 Markdown 格式。用户只需选择所需格式的选项，进行下载即可，如右图所示。

1.3.6　调用和置顶常用技能

豆包具备多样化的技能，用户能够迅速激活这些技能，并利用内置的模板快速创建提示词。此外，用户还可以将常用的技能置顶，以便随时便捷地使用。

步骤01 常用技能显示在输入框下方，例如，单击【帮我写作】按钮，如下图所示。

步骤02 在弹出的列表中，选择【更多体裁和工具】选项，如下图所示。

步骤03 此时，即可看到预设的写作模板，例如选择【长文写作】选项，模板内容会显示在输入框中，其中蓝色文字部分为自定义内容，更改自定义内容后单击【发送】按钮↑，如右图所示。

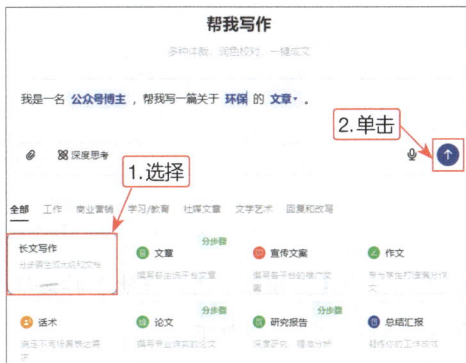

步骤 04 即会出现生成内容，可对生成的内容进行进一步操作，如下图所示。

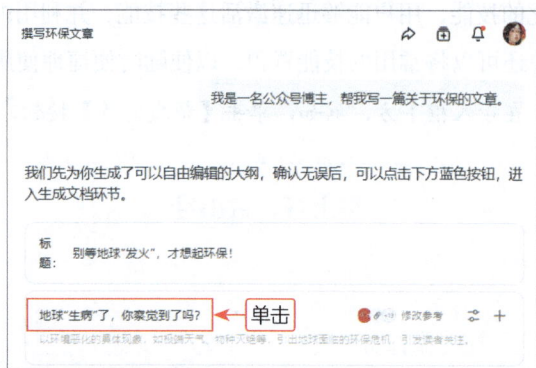

如果要调整常用技能，可以按以下步骤进行。

步骤 01 单击输入框下方的【更多】按钮，如下图所示。

步骤 02 可看到所有技能，单击【置顶你常用的技能】按钮，如下图所示。

步骤 03 弹出【置顶你常用的技能】对话框，可以单击☆按钮进行调整，完成后单击【确定】按钮，如下页图所示。

步骤 **04** 此时可见常用技能按顺序置顶到了输入框下方，如下图所示。

1.3.7 上传文档、图片进行对话

豆包支持上传文档和图片等与其进行高效对话，极大地提升了交互的便捷性和效率，为用户带来全新的沟通体验。

具体使用方法如下。

步骤 **01** 单击输入框中的 📎 按钮，在弹出的菜单中选择【上传文件或图片】命令，如下页图所示。

提示：用户也可以直接将文件拖曳至输入框中进行上传。

步骤 02 弹出【打开】对话框，选择要上传的文档或图片等文件，这里选择一个 Word 文档，然后单击【打开】按钮，如下图所示。

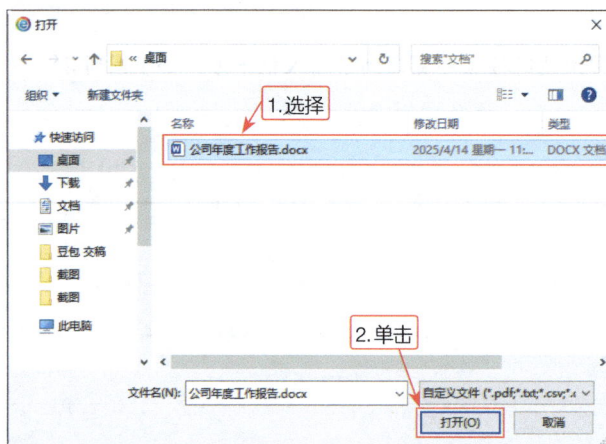

步骤 03 文档上传完成后，即会显示在输入框中，然后输入提示词，单击【发送】按钮↑，如下图所示。

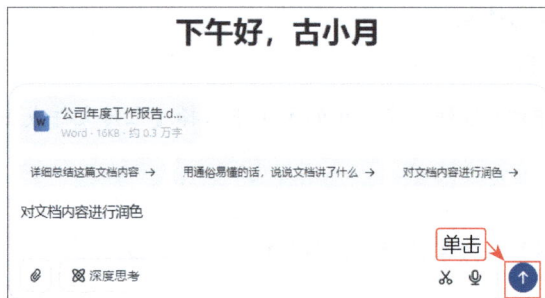

步骤 04 豆包即会进入【AI阅读】模式，基于文档并根据提示词进行回复，回复内容显示在左侧窗格中。如果有新的问题，可以继续在输入框中进行互动，如下图所示。

> **提示：** 在【AI阅读】模式下，单击右侧窗格上方的【全屏查看】按钮，即可全屏查看文档，如右图所示。

此外，豆包还配备了【AI云盘】功能，不仅支持上传单个文件，还支持上传整个文件夹及链接，方便用户存储各类文档，并实现多端同步与共享协作。结合豆包，【AI云盘】还提供智能分类、文档分析、翻译以及截图提问等多项功能。只需选择侧栏中的【AI云盘】选项进入相应界面，然后单击【上传文件】按钮，即可从本地批量上传文件，如下图所示。

1.3.8 查看和编辑历史对话

豆包提供查看和编辑历史对话功能，用户可以轻松回溯历史对话内容，进行回顾与分析。编辑历史对话功能能让用户根据需要修改对话信息，以提升交流效率与准确性。

在侧栏的【历史对话】列表中，显示了最近的对话记录，可以通过单击任意一条进行切换，查看该条对话内容。当鼠标指针悬停在任意一条对话记录上时，即会显示□按钮，单击该按钮，在弹出的菜单中可以对该条对话进行操作，包括置顶、分享、收藏、重命名、举报及删除，如下左图所示。

单击对话记录区上方的【查看全部】按钮⊙，如下右图所示，可以查看所有历史对话。

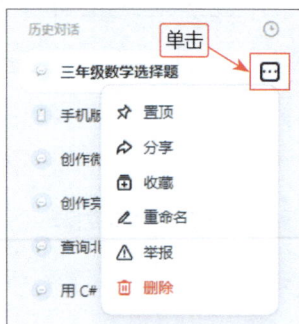

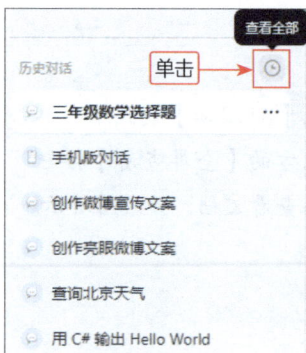

也可以选择【历史对话】列表中的【全部】选项，如下图所示。

1.4 提示词的运用

在豆包中，提示词扮演着至关重要的角色，它是用户与豆包进行交互的桥梁。读者熟练掌握提示词的运用技巧，可以更好地使用豆包，并获取期望的信息。

1.4.1 提示词是什么

在豆包中，提示词是一种通过自然语言（即我们日常使用的语言）向豆包发出的请求或传达的指令。这些提示词可以是简单的问题，如"今天北京的天气怎么样？"，也可以是复杂的创作要求，如"请帮我写一首关于春天的诗歌"。

通过提示词，用户可以清晰地表达自己的需求，而豆包则能够基于这些提示词，利用自然语言处理能力和深度学习技术，快速、准确地生成相应的回答或内容。简单来说，提示词就是用户告诉豆包想要它做什么。用户只需用自然语言清晰地表达需求，豆包就会尽力去理解和执行，然后给出相应的回答或内容。

因此，熟练掌握并有效运用提示词，将显著提升用户与豆包交互的效率与便利性，使用户能够更加轻松地获取信息、创作内容、执行各类任务。

1.4.2 如何构建优秀的提示词

优秀的提示词不仅能使豆包更精确地理解用户的意图和需求，从而提升交互效率，还能确保用户精确地获取所需信息。反之，不好的提示词可能会导致用户耗费大量的时间，而仍然无法获得期望的内容。

1. 提示词的组成结构

提示词=任务描述+参考信息+关键词+要求。

（1）任务描述：准确描述你想要AI模型完成的事情，可以是一个问题、一个主题或一个具体的任务等。

（2）参考信息：如果有背景资料、上下文信息等，最好在提示词中提供，这有助于AI模型更好地理解你的需求。

（3）关键词：提示词中应该包含引导AI模型需关注的关键信息或问题，以使AI模型更好地理解任务并产生合适的输出。

（4）要求：明确列出所有特殊要求、限制条件或偏好，如字数限制、特定格式、使用某种语言或编程风格、遵循特定的创意方向或具有特定的情感色彩等。在实际操作中，可以补充更多的内容信息，如指定AI模型扮演的角色、提供示例等。

2. 不好的提示词示例

在介绍了提示词的组成结构后，表1-1列举了一些不好的提示词示例，帮助读者理解。

表1-1 不好的提示词示例

提示词	存在的问题
生成一篇文章	缺乏任务描述和关键信息，豆包不清楚要生成什么样的文章
阅读这篇文章并给出意见	缺少具体的任务说明和期望的输出类型
讨论AI的风险	缺乏明确的关键问题或指导，豆包可能会产生广泛而不切实际的输出
生成一张图片	提示词过于模糊，没有说明所需的图片内容或类型
写一段对话	缺乏任务背景和关键信息，豆包无法确定对话的主题或背景

3. 优秀的提示词示例

例如，希望用AI写一段环境保护的对话，下面提供一个优秀的提示词示例，供读者参考。

- **任务描述**：生成一段对话，讨论环境保护的重要性和可行性，并提出方案。
- **参考信息**：环境问题包括气候变化、污染、资源浪费等。
- **关键词**：环境保护、气候变化、污染、资源浪费。
- **要求**：对话应该包含至少两位参与者，每位参与者至少提出两个保护环境的方案。对话的总字数为500~800字。

将这些内容汇总成一段完整的提示词，提示词如下。

生成一段对话，讨论环境保护的重要性和可行性，并提出方案。在对话中，至少两位参与者需每人提出至少两个保护环境的方案。同时，详细探讨环境保护、气候变化、污染、资源浪费等问题，并给出不同的观点和意见。请确保对话的总字数为500~800字。

1.5 智能体的运用

智能体在豆包中扮演着至关重要的角色，它们能够执行多种复杂的任务，从而提升豆包的智能化水平。本节将主要讲解智能体的运用。

1.5.1 了解智能体

智能体是一种高度智能化的交互系统，它们可呈现为综合型或专注于特定领域的形态。综合型智能体类似于豆包中的集成提示词，具备多元化的功能，包括但不限于问答、文案撰写、图片生成及搜索摘要等。而专注于特定领域的智能体，如写作助手、陪聊伙伴、英文练习工具及游戏攻略指南等，则为特定需求提供精准服务。

随着AI的快速发展，智能体的应用场景越来越广泛，它们能够针对不同的垂直领域（例如教育辅导、医疗咨询、法律服务等）进行定制化开发，为用户提供高效、便捷的解决方案。

在豆包中，选择侧栏中的【更多】选项，在弹出的列表中选择【AI智能体】选项，如下图所示。

进入【发现AI智能体】页面，即可看到豆包预设和用户分享的智能体，包含工作、学习、创作、绘画、生活5个类别，用户可以在不同类别下选择需要使用的智能体，还

可以在搜索框中进行搜索，如下图所示。

1.5.2　与智能体进行对话

在了解了什么是智能体后，用户可以使用智能体，体验它们的交互功能，具体操作步骤如下。

步骤01 在【发现AI智能体】页面中，选择需要使用的智能体，例如这里选择【绘画】类别下的【国风头像】智能体，如下图所示。

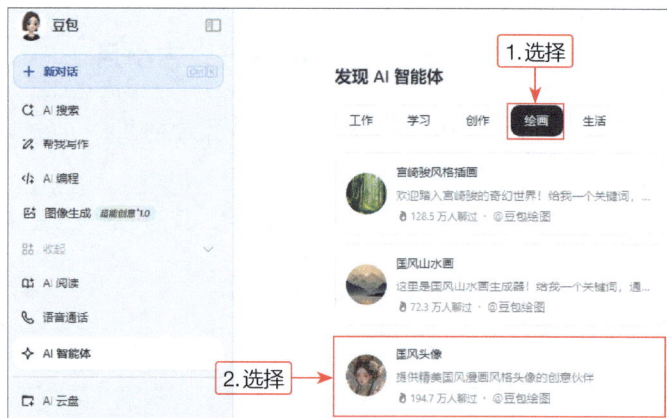

步骤02 进入该智能体对话页面，用户可以发送提示词进行互动，如下页图所示。

步骤 03 豆包可根据提示词生成图片，如下图所示。

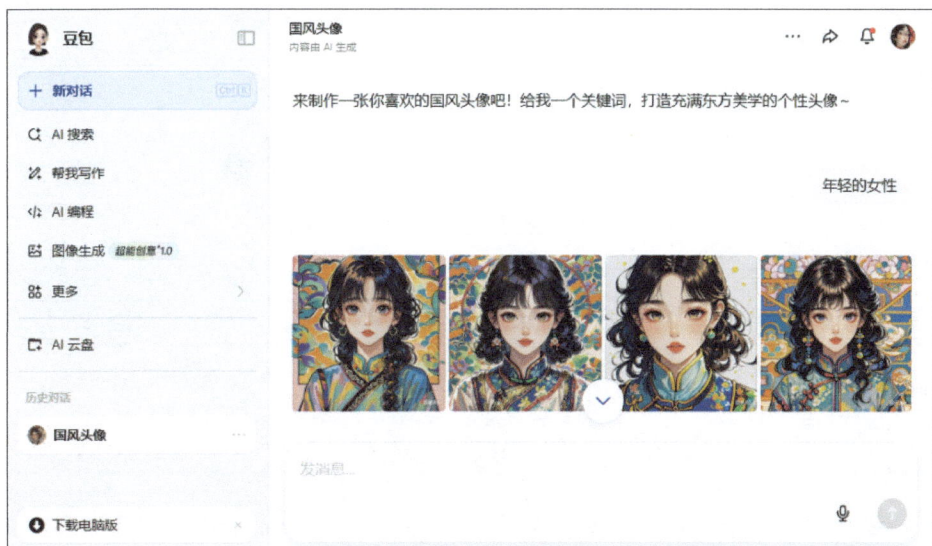

1.5.3 创建专属的智能体

用户能够依据自身的具体使用需求创建专属的智能体，满足自己的个性化需求，提升智能交互体验。

步骤 **01** 在【发现AI智能体】页面，单击【创建AI智能体】按钮，如下图所示。

步骤 **02** 进入【创建AI智能体】页面，用户可以在【名称】文本框中输入智能体的名称，然后根据需求设置头像和设定描述；如果不想填写，可以单击【一键完善】按钮，如下图所示。

步骤 **03** 豆包会根据名称自动填写设定描述，并设置头像，如下页图所示。

步骤04 用户可以根据需求设置权限，如单击【权限设置】下方的按钮□，弹出【权限设置】对话框，根据需求设置权限，然后单击【确定】按钮，如右图所示。

步骤05 返回【创建AI智能体】页面，单击【创建AI智能体】按钮，如下图所示。

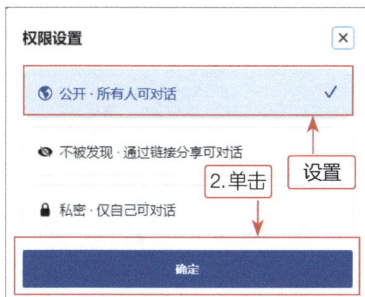

步骤06 创建完成后，即进入该智能体对话页面，如下图所示。

第2章

职场提效：豆包职场加速器

在快节奏的职场环境中，效率往往决定成败。本章将深入探讨豆包如何成为职场人士的加速器，助力职场人士在各种工作场景中实现效率的提升。从文案创作到商业分析，从求职招聘到课程教学，豆包为职场提效开辟了新天地。下面让我们一同探索豆包如何重塑工作方式，引领我们迈向更高效、更智能的职场未来。

2.1 改写和回复

豆包以其强大的语言处理能力，无论是面对文章的改写，还是面对复杂的信息需要回应时，都能发挥巨大作用。

2.1.1 实战：润色文本

在职场中，清晰、精练且富有吸引力的书面表达是提升职场人士专业形象的关键。润色文本不仅能够提升文档的质量，还能够有效地传达信息，提升读者的阅读体验。

场景　　小李是某科技公司的市场专员，他在撰写向领导汇报关于新产品市场推广方案的重要性时，希望通过润色文本，使汇报内容更加简洁、条理分明，便于领导迅速把握重点并理解新产品市场推广方案对公司发展的关键作用。

提示词　　请润色以下内容。企业发展的关键在于新产品的成功推广，其中，新产品市场推广方案尤为重要，需重视预先规划、执行和管理可能面临的主要市场挑战及竞争压力，以防止出现推广不力的情况，确保企业能够在市场中占据有利地位并持续发展。为此，提高对新产品市场推广方案重要性的认识，完善执行机制，并制定有效的应对策略，对促进企业的长期稳定发展有着至关重要的意义。

回答　　企业发展的关键在于成功推广新产品，而新产品市场推广方案至关重要。企业需重视预先规划、执行与管理可能面临的市场挑战及竞争压力，防止推广不力，从而确保企业在市场中占据有利地位并持续发展。为此，提高对新产品市场推广方案重要性的认识，完善执行机制，制定有效应对策略，对促进企业长期稳定发展意义重大。

通过运用上述方法，用户能够向豆包提供需要润色的文本或文档，并提供润色的提示词。

提示词进阶

在润色文本时，为了更好地得到期望的内容，可以为提示词添加一些限制条件。例如：

- 确保内容不变。提示词：请润色以下内容，不改变内容原意。
- 限制输出字数。提示词：请润色以下内容，总字数限制在200字以内。

2.1.2 实战：调整语气

在文本表达中，语气风格的确定至关重要。通过适当的修改，可以使文本更符合特定的场合和需求，增强表达的准确性和专业性。

场景　小张是某公司的文案编辑，需要对一份关于公司项目进展的报告进行语气调整，使其更正式、更专业。

提示词　请对以下内容的语气进行调整，使表达更正式、更专业。"咱这个项目进展得还算顺利，不过还有些小问题需要解决。大家加把劲，争取早点把这事儿搞定。"

回答　该项目目前进展较为顺利，但仍存在一些小问题亟待解决。望各位共同努力，争取早日完成此项工作。

提示词进阶

在提示词中，需要清楚地说明希望将文本的语气调整为更正式、更专业或其他特定的风格，可以提供一些具体的示例，说明希望达到的语气效果，以便更准确地传达需求。另外，注意说明文本的使用场景和目标受众，这有助于确定合适的语气。例如：

请将以下文本的语气调整为正式的风格。在润色过程中，需体现出对合作伙伴的尊重与重视，同时突出本公司的实力和合作的潜在价值。

2.1.3 实战：校对文本

校对文本是确保文本准确性和规范性的重要环节。用户通过仔细检查语法错误、错别字等，可以提高文本的质量。

场景　小王需要向领导发送一份会议摘要，为了保证摘要的文字准确性和专业性，在发送之前需要对摘要进行校对。

提示词　请校对以下文本的语法错误和错别字："本次会议主要总结了前段时间的工作成果，并对接下来的工作进行了部署。在会议中，大家积极发言，提出了许多宝贵的意见建意。然而，也发现了一些问题，如部分工作进度滞们、沟通不畅等。希望大家能够重视这些问题，及时加以解冠。"

回答

这段文本中的语法错误和错别字有：

"意见建意"中"建意"应改为"建议"；

"进度滞们"中"滞们"应改为"滞后"；

"解冠"应改为"解决"。

修改后的文本为：本次会议主要总结了前段时间的工作成果，并对接下来的工作进行了部署。在会议中，大家积极发言，提出了许多宝贵的意见和建议。然而，也发现了一些问题，如部分工作进度滞后、沟通不畅等。希望大家能够重视这些问题，及时加以解决。

校对完成后，注意核对内容是否准确无误，修改原稿中的问题即可。如果是文档，也可以通过上传文档，直接发送提示词进行校对。

提示词进阶

在使用豆包进行文本校对发送提示词时，一定要明确目标，具体阐述要达到的目标，确保提示词完整。如果有特殊要求或格式规定，可以在提示词中明确说明。例如，下面是一个较为全面、具体的提示词：

请仔细阅读以下文本，并检查是否存在语法错误、拼写错误、标点符号使用不当以及句子结构问题。同时，请确保文本的逻辑清晰、表达准确，并符合预定的写作风格和格式要求。在完成校对后，请提供详细的修改建议和反馈。

2.1.4　实战：回复邮件

在日常工作中，回复邮件是重要的沟通方式之一。使用豆包回复邮件可以提高效率和准确性。

场景

小李是某公司的客服人员，负责处理客户的咨询和反馈。一天，他收到了一封来自潜在客户的邮件，该客户对公司的产品表现出了浓厚的兴趣，并希望了解更多的详细信息。

提示词

请根据以下邮件内容，使用专业的口吻进行回复。邮件原文："尊敬的李先生，我对贵公司的产品很感兴趣，想了解一下产品的详细信息，包括功能、价格、售后服务等。期待您的回复，谢谢！"

回答

> 尊敬的××：
>
> 您好！
>
> 非常感谢您对我们公司产品的关注与认可。以下是关于产品的详细信息：
>
> 功能方面，我们的产品具有[具体列举产品的主要功能和特色优势]等功能，可以满足您在[相关使用场景]中的各种需求。
>
> ……
>
> 如果您还有其他问题或需要进一步了解产品信息，欢迎随时与我们联系。我们将竭诚为您服务。
>
> 再次感谢您的来信！
>
> 祝您生活愉快，工作顺利！
>
> [公司名称]
>
> [回复人姓名]
>
> [具体日期]

邮件回复模板生成后，用户可以根据实际情况进行适当调整，使回复更具个性化，避免过于生硬和模板化。最后，及时跟进客户的后续反馈，确保良好的沟通和提升客户满意度。

提示词进阶

本例中的提示词虽然可以生成一个优秀的邮件回复模板，但如果希望回复更具体、更专业，在提示词中建议包含关键信息（邮件主题、语气）、背景信息（发件人、产品信息）及具体要求，如下面的提示词示例：

请帮我回复这封来自客户的邮件。邮件类型为正式回复。回复的主要内容包括：感谢客户对我们产品的关注与询问；简要介绍产品的核心特点和优势；邀请客户参加即将举行的线上产品演示会，并提供会议时间和链接；最后，表达期待客户参与的愿望，并附上我的联系方式，以便进一步沟通。请注意，在回复中保持专业性，采用友好的语气，引用客户邮件中的提问进行针对性回答，并确保所有信息准确无误。

2.1.5 实战：回复消息

在工作中，使用豆包可以协助我们回复微信、QQ等即时通信平台上的消息，从而提升工作效率及沟通品质。

场景

小刘是一家公司的销售经理，他需要频繁地通过微信与客户沟通，了解客户需求、解答疑问并促成交易。

提示词　　　请使用专业且简洁的语言回复客户，介绍产品的三大主要功能。客户的"消息"内容为：你们的产品有哪些主要功能？

回答　　　您好！我们的产品具有[功能一]、[功能二]和[功能三]三大主要功能，能够全面满足您的使用需求。如有兴趣，我可以为您详细介绍。

提示词　　　请回复客户，提供报名方式、活动时间和地点，并邀请客户参加。客户的"消息"内容为："我想参加你们下个月的产品发布会，请问如何报名？"

回答　　　感谢您的参与意向！您可以通过[报名链接/电话/邮箱]进行报名。我们的产品发布会将于[具体日期]在[地点]举行。期待与您相见，共同见证新产品的诞生！

　　通过运用豆包来回复各类消息，职场人士可以显著提升沟通效率，同时保持专业性和精确度。在需要根据上下文进行消息回复的情况下，也可以通过截图的形式，将相关对话内容呈现给豆包，从而获得更为精准的回复结果。

> **提示词进阶**
>
> 　　为了进一步提升豆包回复的个性化和精准度，用户可以在创建提示词时添加更多细节和背景信息。例如：
>
> 　　请根据客户的购买记录和产品问题，结合公司的售后服务政策，个性化地回复客户，并提供具体的解决方案或联系方式。
>
> 　　另外，可以更加具体地描述消息的情境和你的需求，例如：
> - 帮我用幽默的语气回复朋友的调侃微信消息。
> - 以专业的角度回复客户的微信咨询消息。

2.1.6　实战：回复评论

　　及时、专业且富有人情味的评论回复，不仅能够增强客户的购物体验，还能有效提升店铺的口碑和转化率。利用豆包回复各类评论，已成为许多电商商家提升客户服务效率和质量的新选择。

场景　　　小赵是一家知名网店的客服经理，最近店铺推出了一款新产品，吸引了大量顾客的关注和购买。随着产品销量的增加，网店收到了大量的客户评论，其中既有正面的赞扬，也有负面的批评。

提示词

　　请根据以下评论内容，使用专业且友好的语言进行回复。评论原文："产品质量不错，但物流太慢了，等了好久才收到。"

回答

　　亲，非常感谢您对我们产品质量的认可！对于物流速度慢给您带来的困扰，我们深表歉意。我们会积极与物流公司沟通，提高配送效率，确保以后不再出现类似的情况，以便能为您提供更优质的购物体验。再次感谢您的支持和反馈。

　　通过灵活设置提示词内容，商家可以针对不同类型的评论给出恰当、有效的回复，实现与客户的良性互动。

提示词进阶

　　在利用豆包进行回复评论时，需明确回复目的与具体情境，精确描述评论内容，设定适宜的回复风格，融入个性化元素以增强针对性，同时考虑情感共鸣以展现同理心，确保信息准确无误，并可提供模板或示例以引导豆包生成符合预期的高质量回复。例如：

　　请根据以下评论内容，生成一个正式且带有情感共鸣的回复。评论原文："我一直很喜欢你们的产品，但这次购买的××型号出现了××问题，让我有些失望。希望能尽快解决。"

　　回复要求：①表达对用户长期以来支持的感谢；②承认产品存在的问题，并表示歉意；③承诺将立即采取措施解决问题，并提供具体的解决方案或联系方式；④邀请用户保持联系，以便随时跟进问题解决情况；⑤保持语气诚恳、专业，同时体现出对用户情感的理解和共鸣。

　　期望回复示例（非具体生成）：（略）。

2.2 公文写作

　　公文写作是职场中不可或缺的技能之一。无论是工作日报还是会议通知，良好的公文写作能力能够确保信息传递准确无误。本节将探讨如何利用豆包来生成专业且高效的公文内容。

2.2.1 实战：工作日报

工作日报是员工向上级或团队汇报日常工作情况的重要文件。通过撰写工作日报，可以清晰地展示个人或团队的工作进展、成就及遇到的问题。本小节将展示如何利用豆包生成一份高效的工作日报。

场景

张华是一家科技公司的项目经理，他需要每天撰写工作日报，汇报项目的进展情况、遇到的问题以及次日的工作计划。工作日报需要简洁明了，同时包含所有必要的信息，以便团队成员和管理层能够快速把握项目状态。

提示词

请帮我撰写一份工作日报，包括以下内容：①项目名称和项目编号；②今日完成的主要工作内容；③遇到的问题及解决方案；④明日的工作计划；⑤需要团队其他成员或管理层支持的事项。请确保日报格式规范，信息完整，语言简洁明了。

回答

工作日报

日报日期：2024年11月8日 星期五

员工姓名：[你的名字] 部门：[具体部门]

一、项目名称和项目编号

项目名称：[项目具体名称]

项目编号：[项目编号]

二、今日完成的主要工作内容

完成了市场调研报告的初稿撰写，收集并整理了近三个月同行业产品的销售数据、市场份额以及消费者反馈等信息，对市场趋势进行了初步分析。

……

五、需要团队其他成员或管理层支持的事项

希望市场部门的同事能够提供更多关于行业动态的最新信息，以便更全面地分析市场形势。

请管理层对产品推广计划的初步框架进行指导和审核，确保计划的可行性和有效性。

通过上述提示词，可以快速生成一份结构清晰、内容完整的工作日报，有助于项目团队及时了解项目进展，促进沟通和协作。

提示词进阶

在构建提示词时，应注重明确日报的关键要素，如项目名称、工作内容、问题及解决方案等，同时可以提供日报的格式要求，以确保信息的规范性和可读性。例如：

请帮我撰写一份工作日报，项目名称为"智能数据分析系统开发"，项目编号为XD-20241028。今日完成的主要工作包括数据接口的调试和用户界面的初步设计。遇到的问题是在数据同步时出现延迟，已通过优化数据库查询语句解决。明日计划进行系统安全性测试和用户反馈收集。需要市场部门提供用户反馈和渠道支持。

2.2.2 实战：会议通知

会议通知是组织内部沟通的重要方式，它确保所有相关人员能够及时了解会议的时间、地点和议题。本小节将探讨如何利用豆包来撰写正式、准确的会议通知。

场景　李娜是一家咨询公司的行政主管，她需要为即将举行的季度战略会议撰写一份会议通知。通知包括会议的时间、地点、参与人员、会议议程以及准备材料等信息，确保所有相关人员能够准时参加会议。

提示词　请帮我撰写一份会议通知，包括以下内容：①会议主题；②会议时间；③会议地点；④参与人员名单；⑤会议议程；⑥需要准备的材料。请确保通知格式规范，信息完整，语言正式。

回答

会议通知

各位相关人员：

为了[阐述会议目的，如推进项目进展、讨论公司发展战略等]，现决定召开一次重要会议。以下是本次会议的详细信息：

一、会议主题

[具体会议主题]

二、会议时间

[开始时间]—[结束时间]，[具体日期]

……

请各位参会人员提前做好准备，按时参加会议。如有特殊情况不能出席，请提前向[通知人姓名]请假并说明原因。

特此通知。

[通知部门名称]

[通知日期]

通过上述提示词，可以迅速生成一份详细的会议通知，用户可以根据实际会议情况进行修改和调整。

提示词进阶

在构建提示词时，应提供会议的详细信息和具体要求，以确保通知的准确性和完整性。例如：

请帮我撰写一份会议通知，主题为"2024年第四季度战略规划会议"。会议定于2024年12月15日14:00在公司第一会议室举行。参与人员包括CEO及各部门经理。会议议程包括市场分析报告、新产品开发计划和明年预算分配。请所有参与人员准备相关数据报告和建议方案。

2.2.3 实战：出差申请

出差申请是员工因工作需要外出时向单位提出申请的一种文件，它对于规范出差流程和管理出差费用至关重要。利用豆包可便捷地生成符合要求的出差申请。

场景

小王是一名销售代表，因业务拓展需要前往外地与客户洽谈合作事宜，预计出差天数为5天，出差地点为沈阳。

提示词

请根据以下信息生成一份出差申请。出差原因是与客户洽谈合作事宜，预计出差天数为5天，出差地点为沈阳，预计出差费用包括交通费用1000元、住宿费用1200元和餐饮费用500元。

回答

出差申请

尊敬的[领导姓名]：

您好！

我是[您的姓名]，来自[所在部门]。现因工作需要，特向您申请前往沈阳出差，与客户洽谈合作事宜。相关信息如下：

一、出差目的

与沈阳的重要客户进行面对面的商务洽谈，深入沟通合作项目的细节，争取达成合作意向，推动业务拓展。此次洽谈对于公司在东北地区市场的布局和业务增长具有关键意义。

……

希望您能批准我的出差申请。我将全力以赴完成工作任务，为公司的发展作出贡献。

感谢您的支持与信任！

申请人：[您的姓名]

申请日期：[申请日期]

通过上述提示词，豆包可以高效地生成一份完整的出差申请，在实际使用中，可根据具体情况进行修改和调整。

提示词进阶

在构建提示词时，应详细说明出差的具体目的和预期成果，以及详细的预算和行程安排。例如：

请帮我撰写一份出差申请，出差目的是参加上海国际工业博览会并拜访三家重要客户。出差日期为2024年12月5日至12月8日。行程包括参观展会、客户会议和市场调研。预计费用包括机票3000元、酒店2000元、餐饮和交通1500元。出差目标是了解行业最新动态，加强与客户的合作关系，并探索新的市场机会。

2.2.4　实战：合同协议

合同协议是商业交易中确保双方权益的重要法律文件。一份清晰、严谨的合同可以预防未来的法律纠纷，保护企业的合法权益。本小节将探讨如何利用豆包来撰写专业的合同协议。

场景　某公司即将与一家客户签订一份软件开发合同。陈梅需要起草一份合同，包括项目范围、交付物、时间表、付款条款、保密协议等条款。

提示词　请帮我起草一份软件开发合同，包括以下内容：①合同双方的基本信息；②项目的范围和目标；③具体的交付物和里程碑；④时间表和进度安排；⑤付款条款和条件；⑥保密协议和知识产权；⑦违约责任和争议解决方式。请确保合同内容严谨、合法，格式规范。

回答

软件开发合同

甲方（委托方）：名称：[甲方公司名称] 法定代表人：[甲方代表姓名]

地址：[甲方公司地址]　　联系电话：[甲方联系电话]

乙方（受托方）：名称：[乙方公司名称] 法定代表人：[乙方代表姓名]

地址：[乙方公司地址] 联系电话：[乙方联系电话]

鉴于甲方需要开发一款特定的软件以满足其业务需求，乙方具备相应的软件开发能力和经验，双方经友好协商，依据《中华人民共和国民法典》等相关法律法规，就甲方委托乙方进行软件开发事宜达成如下协议：

......

3.合同份数与效力

本合同一式两份，甲乙双方各执一份，具有同等法律效力。

本合同自双方签字（或盖章）之日起生效，有效期至项目验收合格且双方结清全部款项、履行完所有义务之日止。

甲方（盖章）：＿＿＿＿＿＿　　　　乙方（盖章）：＿＿＿＿＿＿

法定代表人（签字）：＿＿＿＿＿　　法定代表人（签字）：＿＿＿＿＿

签订日期：＿＿＿年＿＿月＿＿日　　签订日期：＿＿＿年＿＿月＿＿日

附件一：软件功能详细列表

附件二：需求规格说明书（模板）

附件三：软件设计文档（模板）

附件四：项目验收标准

通过上述提示词，豆包可以生成一份专业的合同协议模板，用户可以根据实际情况进行填写和修改。

提示词进阶

在构建提示词时，可以明确合同的关键条款和执行标准，例如：

请帮我起草一份软件开发合同，甲方为××科技公司，乙方为××软件开发公司。项目目标是开发一套企业资源规划系统。交付物包括系统设计文档、源代码和用户手册。项目时间表为6个月，分为三个开发阶段。付款条款为预付款30%，每个阶段完成后支付30%，项目结束支付剩余10%。保密协议包括所有项目相关的技术和商业信息。违约责任为违约方需支付合同总金额的5%作为违约金。

2.2.5 实战：研究报告

研究报告是针对特定问题或领域进行深入研究后形成的书面成果，它要求具有客观性、科学性和创新性。使用豆包可以快速生成结构清晰、内容翔实的研究报告，提高研究效率。

场景

王强是市场研究部门的员工，他需要为公司撰写一份关于新兴市场趋势的研究报告。

提示词

请帮我撰写一份关于新兴市场趋势的研究报告，内容需要包括：①研究背景和目的，说明研究的重要性和预期成果；②研究方法，描述研究采用的数据来源、分析工具及研究方法；③研究结果，详细列出研究发现和数据分析结果；④结论和建议，根据研究结果提出相应的结论和建议；⑤参考文献，列出研究过程中引用的相关文献和资料。请确保报告语言正式、准确，结构清晰，内容翔实。

回答

新兴市场趋势研究报告

一、研究背景和目的

（一）研究背景

随着全球经济格局的不断变化和科技的飞速发展，新兴市场在世界经济舞台上扮演着日益重要的角色。新兴市场国家凭借其快速的经济增长、庞大的人口基数、不断提升的消费能力以及日益改善的营商环境，吸引了全球投资者和企业的目光。这些市场展现出了独特的发展动力和潜力，同时也面临着诸多挑战和不确定性。了解新兴市场的趋势对于企业制定战略、投资者进行决策以及政策制定者推动经济发展都具有至关重要的意义。

......

3.对于政策制定者

继续推进经济改革和开放政策，加强基础设施建设，提高营商环境的竞争力，吸引更多的国内外投资和企业参与新兴市场的发展。

加大对科技创新的支持力度，培养和吸引高素质人才，推动新兴技术在传统产业中的应用，促进产业升级和转型。

关注社会公平和民生问题，加大对教育、医疗、社会保障等领域的投入，缩小贫富差距，提高人民生活水平。

加强环境保护和可持续发展政策的制订和执行，推动绿色产业发展，实现经济与环境的协调发展。

通过上述提示词，豆包为王强生成了一份结构清晰、内容翔实的研究报告。报告准确地反映了新兴市场趋势的研究结果，提出了相应的结论和建议，有助于公司制定更加科学的市场策略。

提示词进阶

在构建研究报告的提示词时，除了要求生成基本的信息，还可以考虑增加研究的局限性、未来研究方向及实际应用价值等内容，以提升报告的深度和全面性。例如：

请帮我撰写一份关于新兴市场趋势的研究报告，内容需要包括：①研究背景和目的；②研究方法；③研究结果；④结论和建议；⑤研究的局限性，分析研究过程中可能存在的偏差和限制；⑥未来研究方向，提出进一步研究的方向和重点；⑦实际应用价值，探讨研究成果在实际应用中的可行性和潜在价值。请确保报告语言正式、准确，结构清晰，内容翔实且具有深度。

2.2.6 实战：会议纪要

会议纪要是记录会议内容、决定和行动事项的重要文件，它要求准确、清晰地反映会议情况，为后续工作提供依据。

场景

张伟是公司项目组的负责人，他主持了一次关于新产品开发的会议。会议结束后，张伟需要整理一份会议纪要，以便团队成员了解会议决策和后续工作安排。

提示词

请根据会议记录，自动生成一份详细的会议纪要。确保纪要中包含会议时间、地点、参会人员、会议主题、主要讨论点、决策结果及下一步行动计划。

会议记录内容：（略）。

回答

会议纪要

会议时间：2024年10月30日上午10:00—12:00

会议地点：公司会议室102

参会人员：研发部（李经理、张工程师、王技术员）、市场部（刘经理、陈专员）、生产部（赵主管）、财务部（吴经理）

会议主题：关于智能健康手环新产品开发的讨论

......

（五）其他部门

积极配合新产品开发，提供人力、物力和技术支持，确保项目推进。

会议记录和整理由研发部负责，发送给参会人员。各部门严格执行决策和行动计划，定期沟通协调，推动智能健康手环新产品开发上市。

记录人：张三

日期：2024年10月30日

在与豆包对话中，也可以通过上传会议记录文档，进行提问。

提示词进阶

在使用豆包生成会议纪要时，构建提示词应注重纪要的完整性和可执行性，明确纪要需要覆盖的内容和细节。此外，如果公司有统一的会议纪要模板，也可以提供，使其按照特定格式进行生成。例如：

请为一场市场策略研讨会生成会议纪要。会议涉及市场营销部门、销售部门及高层管理人员，讨论了市场趋势、竞争态势及公司的市场策略调整。纪要应包括：①会议基本信息，如会议时间、地点、参会人员；②市场趋势和竞争态势分析；③现有市场策略的评估；④新市场策略的讨论结果；⑤下一步行动计划及负责人；⑥其他重要事项。

2.2.7　实战：邮件撰写

邮件撰写是职场沟通中常用的方式，它要求邮件内容简洁明了、逻辑清晰，能够准确传达信息并达到预期目的。使用豆包可以快速生成符合规范的邮件，提高沟通效率。

场景　周杰是一家科技公司的客户服务经理，他需要给客户发送一封邮件，通知他们有关系统升级的事宜和可能带来的影响。邮件需要包括系统升级的日期、预期的停机时间、升级后的新功能和客户的准备工作等。

提示词　请帮我撰写一封工作邮件，包括以下内容：①邮件的收件人和主题；②系统升级的日期和时间；③预期的停机时间和影响范围；④升级后的新功能和改进；⑤客户的准备工作和注意事项。请确保邮件内容专业、礼貌，格式规范。

回答

主题：关于系统升级的重要通知

尊敬的客户：

您好！

我是[公司名称]的[你的姓名]，非常感谢您一直以来对我们公司的支持与信任。为了给您提供更优质、更稳定的服务，我们计划对系统进行一次全面升级。现将相关事宜通知如下：

一、系统升级日期和时间

系统升级将在[具体日期]，从[开始时间]开始，预计到[结束时间]结束。在此期间，系统将暂时停止服务。

......

　　如果您有任何疑问或需要进一步的帮助，请随时联系我们。您可以拨打我们的客服热线[客服电话]，或者发送邮件至[客服邮箱]。

　　祝您工作顺利，生活愉快！

[你的姓名]

[具体日期]

通过上述提示词，豆包可以快速生成一封专业的工作邮件，确保客户及时了解系统升级的信息，并做好相应的准备工作。

提示词进阶

　　在构建提示词时，应注重邮件的沟通效果和客户体验，提供详尽的信息和明确的指导。例如：

　　请帮我撰写一封邮件给所有客户，主题为"即将进行的系统升级通知"。邮件需要解释系统将在2024年11月15日进行升级，预计停机时间为2小时。升级后将增加数据备份和恢复功能，提高系统的安全性和稳定性。客户无须做特殊准备，但建议在升级期间避免进行重要操作。邮件需要礼貌地请求客户的理解和配合，并提供客户服务部的联系方式以便咨询。

2.3　营销策划

　　在激烈的市场竞争中，营销文案是吸引客户、提升品牌影响力的重要工具。本节将探讨如何利用豆包来撰写高效的营销文案。

2.3.1　实战：品牌宣传方案

　　在竞争激烈的市场环境中，品牌宣传方案对于提升品牌知名度和影响力至关重要。使用豆包可以高效地生成符合品牌定位和目标受众的宣传方案。

　　场景　小林是一家互联网公司的市场专员，公司即将推出一款新的社交软件，主要受众为20~35岁的年轻群体。

提示词

你是一位专业的品牌宣传策划师。请为这款新的社交软件品牌设计一套宣传方案，该品牌的主要受众消费者为20~35岁。请确保宣传方案充分利用8万元的资金预算，并考虑结合线上线下渠道进行宣传。

回答

宣传方案

一、宣传目标

在接下来的[具体时间段]内，提高[社交软件名称]在目标受众（20~35岁）中的知名度和使用率，吸引至少[×]名新用户注册并实现较高的用户活跃度。

二、市场分析

（一）目标受众特点

1.年龄为20~35岁，这一群体对新鲜事物接受度高，热衷于社交互动，追求个性化和多元化的社交体验。

2.他们是数字时代的主力军，高度依赖互联网和移动设备，日常活动多围绕线上平台展开，如社交媒体、游戏、在线学习等。

3.注重自我表达和社交圈子的拓展，喜欢通过社交软件结识新朋友、分享生活点滴、获取信息和娱乐。

4.消费能力逐渐增强，对于能够提升生活品质和社交效率的产品或服务有一定的付费意愿。

......

7.宣传活动要与品牌定位和形象相符合，保持整体风格的一致性和连贯性。

8.根据市场变化和用户需求的动态调整宣传策略和方案，确保宣传效果的最大化。

以上是为新社交软件品牌设计的宣传方案，在实施过程中，可根据实际情况进行灵活调整和优化，以达到最佳的宣传效果。

通过上述提示词，我们可以看到在使用豆包生成品牌宣传方案时，需明确品牌定位、目标受众、资金预算以及宣传渠道等关键信息。

提示词进阶

在构建提示词时，应更详细地描述品牌的核心卖点和独特之处，例如具体说明软件的功能优势和用户体验，例如：

你是一位专业的品牌宣传策划师。请为这款新的社交软件品牌设计一套宣传方案，该品牌的主要受众消费者年龄为20~35岁。请确保宣传方案充分利用8万元的资金预算，并考虑结合线上线下渠道进行宣传。品牌具有以下核心卖点：独特的社交功能（例如，基于兴趣匹配的聊天室、虚拟现实聚会等），以及便捷的操作界面和个性化设置选项。用户体验包括流畅的交互体验、高度定制化的个人主页以及丰富的社区活动参与机会。

2.3.2 实战：广告语宣传

广告语是品牌传播中的核心元素，一句精练、有吸引力的广告语能够迅速抓住消费者的注意力，并留下深刻印象。

场景　郑洁是一家化妆品公司的创意总监，她需要为即将上市的新款面膜创作一句广告语。这句广告语需要传达产品天然成分和快速见效的特点，同时吸引年轻女性消费者。

提示词　请帮我创作一句广告语，用于推广新款面膜。广告语需要突出产品的天然成分和快速见效的特点，简洁有力，易于记忆，并符合品牌形象。

回答　"天然蕴美，快速焕颜，[面膜品牌名]面膜，肌肤的焕新魔法！"
或者"源自天然，速效美肌，[面膜品牌名]面膜，开启肌肤焕变之旅！"
又或者"天然成分，快速见效，[面膜品牌名]面膜，让美丽瞬间绽放！"

通过上述广告语的创作，预计能够有效吸引目标消费者，提升产品的市场认知度，并促进销售。

提示词进阶

在构建提示词时，应注重广告语的创意性和传播效果，明确广告语需要传达的产品特点和品牌信息。例如：

请帮我创作一句广告语，用于推广我们的新款面膜，强调"天然、快速、美丽"。广告语需要简洁、易于传播，并能够引起年轻女性的情感共鸣。

2.3.3 实战：促销活动策划方案

促销活动策划方案是企业短期内提升销量、增加品牌曝光度的有效手段。一个成功的促销活动能够刺激消费者的购买欲望，同时加深消费者对品牌的印象。

场景　王强是一家电子产品公司的市场部负责人，他计划在即将到来的购物季开展一次大型促销活动，以提高新产品的销量和市场占有率。该活动需要包括促销主题、优惠政策、活动流程和预期效果评估。

提示词

　　请帮我制订一份电子产品促销活动策划方案，包括以下内容：①促销活动主题和目标；②具体的优惠政策和折扣力度；③活动的具体流程和时间安排；④预期效果评估，包括销量增长和品牌曝光度提升。请确保方案具有创新性、吸引力，并能够激发消费者的购买欲望。

回答

促销活动策划方案

一、促销活动主题和目标

（一）主题

"科技狂欢，畅享未来——[品牌名称]电子产品盛宴"

（二）目标

1.在活动期间内，实现电子产品销量增长[×]%。

2.吸引新客户至少[×]人，提高品牌在目标市场的知名度和美誉度。

3.增加品牌社交媒体粉丝量[×]人，提升品牌线上曝光度。

4.促进客户对品牌其他产品的关注和了解，拓展产品线的市场份额。

……

（四）市场份额扩大

1.对比活动前后品牌在市场中的份额变化，了解品牌在行业中的竞争力提升情况。预计市场份额扩大[×]个百分点。

2.关注竞争对手的反应和市场动态，及时调整营销策略，保持竞争优势。

　　为了确保预期效果的实现，活动期间将密切关注各项数据指标的变化，及时调整活动策略和推广方式。同时，加强与消费者的沟通和互动，不断提升消费者的购物体验，为品牌的长期发展奠定良好的基础。

　　使用豆包生成的促销活动策划方案，不仅具有高度的针对性和吸引力，还能够根据市场变化进行灵活调整，确保活动的成功。

提示词进阶

　　在构建提示词时，应注重促销活动的创新性和吸引力，明确促销的目标和预期效果。

　　请帮我制订一份"双十一购物狂欢节"的促销活动策划方案。活动目标为提升新产品销量和品牌知名度。优惠政策包括限时折扣、满减活动和赠品发放。活动流程包括预热期、爆发期和后续客户关系维护。预期效果为销量提升50%，品牌曝光度提升30%。方案需包含具体的创意内容和执行时间表。

2.3.4 实战：节日营销方案

节日营销方案是企业利用特定节日氛围进行品牌推广和产品销售的重要策略。一个精心策划的节日营销方案能够与消费者建立情感联系，提升品牌亲和力。

场景

李娜是一家服装品牌的市场部经理，她需要为即将到来的春节制订一份节日营销方案，以提升品牌形象和促进节日期间的销售。该方案需要包括节日主题、营销活动、客户互动和预期效果评估。

提示词

请帮我制订一份春节节日营销方案，包括以下内容：①节日主题和品牌结合点；②具体的营销活动和促销手段；③客户互动方式和社交媒体活动；④预期效果评估，包括销量增长和品牌忠诚度提升。请确保方案具有节日特色、文化氛围，并能够吸引消费者参与。

回答

春节节日营销方案

一、节日主题和品牌结合点

（一）主题

"瑞兽迎春，[品牌名称]相伴——共享团圆中国年"

（二）结合点

1.春节是中国最重要的传统节日，象征着团圆、欢乐和新的开始。品牌将以"瑞兽"为文化元素，代表吉祥和幸福，与春节的喜庆氛围相契合。

2.将品牌的核心价值观，如品质、创新、关怀等，融入春节营销活动中，通过传递温暖、欢乐的情感，增强消费者对品牌的认同感和归属感。

......

为了确保预期效果的实现，活动期间将密切关注各项数据指标的变化，及时调整营销策略和活动方案。同时，加强与消费者的沟通和互动，不断优化产品和服务，提高消费者的体验感和满意度。活动结束后，将对整个春节营销活动进行全面总结和评估，分析活动的优点和不足之处，为今后的节日营销活动提供经验借鉴和改进方向。

通过上述节日营销方案的实施，预计能够有效提升节日期间的销售业绩和品牌忠诚度，同时增强消费者对品牌的情感认同。

提示词进阶

在构建提示词时，应注重节日营销方案的节日特色和文化氛围，明确营销的目标和预期效果。

　　请帮我制订一份以"团圆与新衣"为主题的春节节日营销方案。营销活动包括新年特别系列服装的发布、新年折扣和新年礼物赠送。客户互动方式包括社交媒体上的新年祝福征集和线下店铺的新年主题活动。预期效果为销量提升**40%**，品牌忠诚度提升**20%**。方案需包含具体的创意内容和执行时间表。

2.4　商业分析

　　在快速变化的商业环境中，精准分析对企业作出准确的决策至关重要。本节通过4个实战案例，展示如何利用豆包提升商业分析效果，帮助读者掌握实用的方法，以数据驱动的方式支持商业决策。

2.4.1　实战：行业趋势研究报告

　　在快速变化的市场环境中，行业趋势研究报告是企业制订战略决策的重要依据。借助豆包，我们可以快速获取和分析行业数据，为企业提供前瞻性的洞察。

场景　　　张伟是一名市场分析师，他需要为一家科技公司撰写一份关于智能家居行业的趋势研究报告，以帮助公司把握行业动态，制订未来的发展策略。

提示词　　　请帮我生成一份关于智能家居行业的趋势研究报告。报告应包含以下内容：①行业背景，包括智能家居的定义、发展历程和现状；②市场规模与增长趋势，分析全球及国内市场的规模和增长速度；③主要竞争者分析，列出行业内的主要企业及其市场份额；④技术发展趋势，探讨未来可能影响行业的关键技术；⑤政策与法规环境，概述相关政策和法规对行业的影响；⑥机遇与挑战。基于以上分析，提出智能家居行业面临的机遇和挑战。请确保报告数据准确、分析深入。

回答

智能家居行业趋势研究报告

一、行业背景

（一）智能家居的定义

智能家居是指利用物联网、AI、云计算等先进技术，将家居设备（如照明、电器、安防、窗帘等）连接起来，实现智能化控制和管理，为用户提供更加便捷、舒适、安全和节能的生活环境。智能家居系统可以通过手机、平板电脑、语音助手等终端设备进行远程控制和监控，也可以根据用户的习惯和场景自动调节设备的运行状态。

......

综上所述，智能家居行业作为新兴产业，具有广阔的发展前景和市场空间。但同时也面临着标准不统一、安全性担忧、价格较高等挑战。智能家居企业需要抓住市场机遇，加强技术创新，提高产品质量和安全性，降低成本，加强市场推广和用户教育，推动智能家居行业的健康发展。同时，政府和相关部门也应加强政策支持和法规监管，为智能家居产业的发展创造良好的环境。

通过上述提示词，豆包生成了一份详尽的智能家居行业趋势研究报告，涵盖从行业背景到技术发展趋势的多个方面，为企业提供全面而深入的研究报告。

提示词进阶

在构建提示词时，应详细描述消费者的心理需求和购买动机，例如具体说明消费者对健康零食的期望，如口味、包装、营养成分等，以及不同消费者群体购买健康零食的动机差异，例如：

你是一名市场分析师，请根据以下要求对食品市场进行细分与定位分析，为新的健康零食寻找合适的市场定位。分析内容包括消费者年龄、性别、消费习惯、收入水平等因素对市场的影响，以及竞争产品的市场份额、产品特点等情况。消费者对于健康零食的期望包括口味（如甜、咸、辣等）、包装（如便携、精美等）、营养成分（如高纤维、低脂肪等），不同消费者群体购买健康零食的动机差异包括健身人群注重营养成分、儿童注重口味等。

2.4.2 实战：企业竞争力分析

企业竞争力分析是企业评估自身在市场中的竞争地位、识别优势和劣势的重要工具。通过深入分析企业的竞争力，企业可以制订有效的竞争策略，提升市场竞争力。

场景　李华是一家制造业公司的市场部经理，他需要对公司在当前市场中的竞争力进行分析。分析报告需要包括企业资源和能力评估、竞争对手分析、市场和客户需求分析以及竞争策略建议。

提示词

请帮我撰写一份企业竞争力分析报告，包括以下内容：①企业的资源和能力评估；②竞争对手的市场表现和战略分析；③市场和客户需求的分析；④基于分析结果的竞争策略建议。请确保报告内容全面、分析客观，具有可操作性。

回答

企业竞争力分析报告

一、企业的资源和能力评估

（一）人力资源

1. 员工素质

企业拥有一支高素质的员工队伍，其中本科及以上学历占比[×]%，涵盖多个专业领域，如市场营销、技术研发、生产管理等。员工具备扎实的专业知识和丰富的实践经验，为企业的发展提供有力的人才支持。

定期组织员工培训和技能提升活动，培训内容包括新业务知识、行业前沿技术、团队协作等方面，员工的学习能力和适应能力较强，能够快速掌握新知识和新技能，满足企业业务发展的需求。

……

综上所述，通过对企业的资源和能力评估、竞争对手的市场表现和战略分析以及市场和客户需求的分析，我们提出了以上竞争策略建议。企业应根据自身实际情况，制订适合企业发展的战略规划和实施计划，不断提升企业的综合竞争力，实现可持续发展。同时，企业应密切关注市场变化和竞争对手动态，及时调整战略策略，以适应市场竞争的需要。

通过上述提示词，用户可以利用豆包生成一份结构严谨、内容丰富的企业竞争力分析报告，为企业高层决策提供有力支持。

提示词进阶

在构建提示词时，应注重分析的全面性和策略的可操作性，明确分析的关键点和建议的具体措施。例如：

请帮我撰写一份企业竞争力分析报告。报告需包括公司的研发能力、生产效率和市场渠道等资源和能力的评估。竞争对手分析需涵盖主要竞争对手的市场表现和战略动向。市场和客户需求分析需基于最新的市场调研数据。竞争策略建议需基于SWOT分析，提出具体的市场进入策略和产品差异化策略。报告应提供明确的行动指南和时间表，确保策略的可执行性。

2.4.3 实战：市场细分与定位分析

市场细分与定位分析是企业识别目标客户群体、制订市场策略的关键步骤。通过精确的市场细分，企业可以更有效地定位其产品或服务，满足特定客户的需求。

场景
　　赵敏是一家化妆品公司的市场分析师，她需要对市场进行细分，并确定公司新产品线的市场定位。报告需要包括市场细分的标准、各细分市场的规模和增长潜力以及公司产品在各细分市场中的潜在定位。

提示词
　　请帮我撰写一份市场细分与定位分析报告，包括以下内容：①市场细分的标准和方法；②各细分市场的规模、增长潜力和消费者特征；③公司产品在各细分市场中的潜在定位和差异化策略。请确保报告内容准确、分析深入，并提供明确的市场定位建议。

回答

市场细分与定位分析报告

一、市场细分的标准和方法

（一）市场细分标准

1.地理因素

地区：根据不同的地理区域，如城市、乡村、东部地区、西部地区等进行细分。不同地区的经济发展水平、消费习惯、文化背景等存在差异，对产品的需求也会有所不同。

气候：考虑气候条件的差异，如热带、亚热带、温带、寒带等，对于一些与气候相关的产品，如空调、保暖设备、服装等，气候因素会影响消费者的购买决策。

……

对于高端商务产品，公司可以瞄准高收入商务消费者市场，将产品定位为高端品质象征和商务出行伴侣，通过提升产品品质、提供个性化服务和开展品牌合作，满足商务人士对品质和形象的高要求，提升品牌在高端市场的竞争力。

同时，公司应密切关注市场动态和消费者需求的变化，适时调整市场定位和营销策略，不断创新和优化产品和服务，以适应不同细分市场的需求，实现公司的可持续发展。

通过上述市场细分与定位分析，预计能够为公司新产品的市场进入策略提供明确的指导，帮助企业在竞争激烈的市场中找到自己的定位。

提示词进阶

在构建提示词时应进一步细化分析指标及期望达到的具体成果，例如：

请协助我完成一份关于本公司在智能制造领域竞争力的深度分析报告。报告需包含：①公司的基本介绍，强调其在该领域的长期投入与发展历程；②详细的SWOT矩阵，特别是对技术创新能力和生产效率的评估；③对标行业内前三名的主要竞争对手，比较各自的产品特色与市场占有率；④基于顾客调研的品牌认知度调查结果；⑤最新一期财报的关键财务指标解析，包括利润率、现金流等；⑥提炼出公司在智能生产线集成解决方案方面的核心竞争力；⑦根据当前形势给出短期与长期的发展策略建议，包括技术升级路径、市场拓展方向等。请确保报告内容既有深度又具备实际操作价值。

2.4.4 实战：顾客画像构建与分析

顾客画像构建与分析是企业深入了解目标客户、优化产品和服务的重要手段。通过构建详细的顾客画像，企业可以更精准地进行市场定位和产品开发。

场景

刘洋是一家电子商务平台的数据分析师，他需要构建一份顾客画像，以便更好地理解平台的主要客户群体，并为他们提供更加个性化的服务和产品推荐。报告需要包括顾客的基本属性、购买行为、偏好和需求。

提示词

请帮我构建一幅顾客画像，并进行分析，包括以下内容：①顾客的基本属性，如年龄、性别、职业和收入水平；②购买行为分析，包括购买频次、偏好的品牌和产品类别；③顾客偏好和需求分析，包括对价格、品质和服务的敏感度。请确保报告内容翔实、分析准确，并提供有针对性的营销建议。

回答

顾客画像分析报告

一、顾客画像构建

（一）顾客基本属性

1.年龄

主要集中在25~45岁，其中30~35岁的顾客占比最高，约为35%。这个年龄段的人群通常处于事业上升期，消费能力较强，对生活品质有一定追求。

25~29岁的顾客占比约为25%，他们大多是职场新人或年轻创业者，消费观念较为时尚、开放，愿意尝试新事物。

40~45 岁的顾客占比约为 20%，他们在消费时更加注重产品的实用性和品质，对品牌有一定的忠诚度。

其他年龄段的顾客占比较少，总计约 20%。

……

通过以上顾客画像分析和营销建议，企业可以更加深入地了解目标顾客群体的需求和行为特征，制订更加精准、有效的营销策略，提高市场竞争力和销售业绩。同时，企业应不断关注市场变化和顾客需求的动态调整，及时优化和调整营销策略，以适应市场的发展和竞争的需要。

通过上述顾客画像的构建与分析，预期能够为平台的个性化服务和产品推荐提供数据支持，增强顾客满意度和忠诚度。

提示词进阶

在构建提示词时，应明确顾客画像的关键要素和营销策略的具体方向，例如：

请帮我构建一份针对年轻职场女性的顾客画像，并进行分析。顾客画像包括她们的年龄范围、职业特点和收入水平。购买行为分析需涵盖她们在服装、化妆品和家居产品上的购买偏好。顾客偏好和需求分析需关注她们对时尚趋势、品质和个性化服务的关注点。报告需提供有针对性的营销策略，如社交媒体营销和个性化推荐算法的优化。

2.5 社交媒体

社交媒体是现代营销中不可或缺的一部分，它能够帮助企业与消费者建立紧密联系，并迅速传播品牌信息。本节将介绍如何利用豆包在社交媒体平台上创作吸引人的内容，提高品牌的在线影响力。

2.5.1 实战：微博热点营销内容创作

通过抓住社会热点事件并结合品牌特性进行创意性内容创作，可以有效提升企业在微博平台上的曝光率和互动率。本小节将展示如何利用豆包生成热点相关的营销内容。

场景

　　张丽是一家化妆品品牌的社交媒体经理，她注意到最近有关"可持续生活方式"的话题在网络上非常热门。为了增加品牌曝光度，她希望创作一条与该话题相关的微博内容，同时推广公司新推出的环保包装产品线。

提示词

　　请帮我撰写一条关于"可持续生活方式"的微博内容。内容需要包括：①引人注目的开头；②简要介绍当前的可持续生活趋势；③突出我们品牌新推出的环保包装产品线的特点及其对环境的好处；④鼓励粉丝分享他们的可持续生活小贴士，并使用特定的话题标签参与讨论；⑤结尾呼吁关注我们的官方微博账号。请确保内容积极向上、语言生动有趣。

回答

可持续生活，美好未来由我们共创

嘿，小伙伴们！你有没有发现，可持续生活方式已经成为当下超火的潮流啦！越来越多的人开始关注我们的地球家园，通过各种方式践行环保理念，为保护地球贡献自己的力量。

现在，可持续生活的趋势可谓是多种多样！比如，大家更倾向于选择绿色出行，减少汽车尾气排放；在购物时，也会优先考虑环保产品，拒绝一次性塑料制品。而且，很多人还积极参与垃圾分类，让资源得到更好地回收利用。这些小小的举动，汇聚起来就是大大的能量，让我们的地球变得更加美好！

我们品牌也紧跟这一潮流，全新推出了环保包装产品线哦！这些环保包装可都是有超多亮点的呢。它们采用了可降解材料制作，在自然环境中能够快速分解，大大减少了对环境的污染。而且呀，我们在设计上也花了不少心思，包装简约又时尚，既环保又美观。使用我们的环保包装产品，不仅能让你享受优质的商品，还能为保护环境出一份力哦，简直是一举两得呢！

亲爱的粉丝们，你们在可持续生活方面一定也有很多小窍门吧！快来分享你们的可持续生活小贴士吧，记得带上话题 # 可持续生活小贴士 # 参与讨论哦。让我们一起交流经验，共同探索更多环保的生活方式吧！

最后，别忘了关注我们的官方微博账号，更多环保资讯和精彩内容等你来发现哦！让我们携手共进，一起迈向可持续的美好未来吧！

可持续生活方式 # 环保包装 # 保护环境 # 绿色生活

　　通过上述提示词，用户可以借助豆包快速生成一条既符合热点又体现品牌价值的微博内容，有助于提升品牌形象和用户的参与度。

提示词进阶

　　在构建提示词时，应明确热点事件的核心信息和互动话题的设置，例如：

　　请帮我创作一系列关于"AI最新突破"的微博热点营销内容。内容包括AI技术的简介、公司最新AI产品的展示和"你如何看待AI未来？"的互动话题。内容需包含引人瞩目的图片和视频，以及鼓励用户转发和评论的互动元素。

2.5.2　实战：微信公众号文章策划

　　微信公众号文章策划是企业在微信平台上传播品牌信息、吸引用户关注的重要手段。豆包可协助用户快速生成符合品牌定位和用户需求的微信公众号文章。

场景　　王强是一家健康食品公司的内容编辑，他计划围绕"健康饮食习惯"主题写一篇微信公众号文章，旨在引导消费者健康生活的同时推广公司最新的营养补充品系列产品。

提示词　　请帮我策划一篇关于"健康饮食习惯"的微信公众号文章。文章需包含以下部分：①引言，说明健康饮食的重要性；②列出几个常见的不良饮食习惯及其危害；③提出改善建议，强调均衡膳食的概念；④介绍公司最新推出的营养补充品系列产品，解释其作用和适用人群；⑤提供实用的食谱建议；⑥结束语，鼓励消费者采取行动改变生活习惯。请保证文章结构清晰、信息准确且语言亲和力强。

回答

健康饮食，为生活注入活力

亲爱的朋友们，大家好！在快节奏的现代生活中，我们常常忙碌于工作、学习和各种琐事，却容易忽视一个至关重要的因素——健康饮食。健康饮食不仅仅是为了满足口腹之欲，更是维持我们身体健康、精力充沛的基石。它能为我们提供所需的能量，让我们在生活的舞台上更好地展现自己。今天，就让我们一起来深入探讨健康饮食习惯的重要性，以及如何在日常生活中做出积极的改变。

……

希望这篇文章能对你有所帮助，如果你有任何关于健康饮食的问题或建议，欢迎在评论区留言分享哦！让我们一起为健康加油！

#健康饮食 #营养均衡 #不良饮食习惯 #营养补充品 #食谱推荐

　　通过上述提示词，用户可以利用豆包高效地策划出一篇既有教育意义又能促进销售转化的微信公众号文章，有助于增强品牌的专业形象。

提示词进阶

　　在构建提示词时应进一步丰富文章的内容层次和实用性，例如：

　　请帮我设计一篇针对都市白领群体的"健康饮食习惯"微信公众号文章。文章需包含以下元素：①引言部分用一个真实案例开场，引起共鸣；②分析常见于快节奏工作环境中的不健康饮食习惯及其长期影响；③提供科学依据支持的改善建议，如合理安排餐点时间、选择健康零食等；④详细讲解公司新推出的一日三餐营养补充品套餐，包括成分分析、食用方法等；⑤分享几款适合忙碌生活的简单易做健康食谱；⑥在结尾部分设置问答环节，解答消费者可能关心的问题，并留下联系方式方便进一步咨询。请确保文章内容翔实、实用性强，并能激发消费者在日常生活中做出积极的生活方式的改变。

2.5.3　实战：抖音挑战赛策划与执行

抖音挑战赛是一种极具互动性和传播力的营销方式，能够迅速吸引大量用户参与，并有效提升品牌知名度。本小节将展示如何利用豆包来策划并执行一场成功的抖音挑战赛。

场景　孙悦是一家运动品牌的市场专员，她需要策划一场抖音挑战赛，以推广公司的新系列运动鞋。挑战赛需要包括一个吸引人的主题、易于模仿的挑战动作和激励用户参与的奖励机制。

提示词　请帮我策划一场抖音挑战赛，包括以下内容：①挑战赛的主题和口号；②挑战动作的设计，要求简单易学且具有传播性；③奖励机制的设置，激励用户参与和分享。请确保活动具有创意、易于参与，并能够引发复制式传播。

回答

"健康活力跳起来"抖音挑战赛策划方案

一、挑战赛主题

"健康活力跳起来"

二、挑战赛口号

"跳一跳，活力到！健康生活，从我起跳"

三、挑战动作设计

（一）基础动作——"活力开合跳"

……

5.品牌曝光度：通过活动的宣传推广，统计品牌或产品在活动中的曝光次数和曝光范围，评估活动对品牌的宣传效果。可以关注活动相关视频中品牌标识的展示次数、用户对品牌的提及率等指标。

6.转化率：对于一些有商业目的的活动，可以评估活动对产品销售、用户注册、会员增长等方面的转化率。通过设置特定的链接或二维码，跟踪用户从参与活动到完成转化的行为路径，分析转化率的高低和影响因素。

根据以上指标的评估结果，总结活动的优点和不足之处，为今后的活动策划和推广提供经验教训，不断优化活动方案，提高活动的效果和影响力。

通过上述抖音挑战赛的策划与执行，预计能够有效提升品牌在年轻用户中的知名度和参与度，同时增加产品的市场影响力。

提示词进阶

在构建提示词时，应注重活动的创意和传播性，明确活动的主题和用户参与的激励机制。例如：

请帮我策划一场以"跃动青春"为主题的抖音挑战赛，推广我们的新系列运动鞋。挑战动作可以是一系列简单的舞蹈动作，并结合我们的运动鞋特点。设置奖励机制，如最受欢迎的挑战视频可以获得新款运动鞋一双，以及有机会参与品牌线下活动。活动需包含易于识别的品牌元素和话题标签，以便于用户搜索和参与。

2.5.4 实战：小红书品牌种草攻略

小红书作为一个生活方式分享平台，对于品牌来说是一个非常有效的种草渠道。通过精心策划的内容，可以有效地向潜在客户推荐产品和服务。本小节将展示如何利用豆包制订一份高效的小红书品牌种草攻略。

场景　周楠是一家美妆品牌的社区运营经理，她需要制订一套小红书种草攻略，以提升品牌的新系列口红的知名度和销量。攻略需要包括笔记内容的创意、KOL合作的选择和用户互动的策略。

提示词　请帮我制订一套小红书品牌种草攻略，包括以下内容：①笔记内容的创意和主题；②KOL合作的选择标准和合作方式；③用户互动和反馈的引导策略。请确保攻略具有针对性、创意性，并能够有效引导用户关注和购买。

回答

小红书品牌种草攻略

一、笔记内容的创意和主题

（一）创意方向

1.故事性分享

讲述品牌创始人的创业故事，传递品牌的初心和价值观，让用户产生情感共鸣。例如，"[品牌名]的诞生：一个关于梦想与坚持的故事"，详细描述创始人如何在困境中发现市场需求，凭借独特的理念和不懈的努力创立了该品牌，以及品牌在发展过程中所经历的重要里程碑和挑战，使读者对品牌有更深入的了解和认同感。

……

通过以上小红书品牌种草攻略的实施，结合有创意的笔记内容、精准的KOL合作以及积极的用户互动引导策略，有望在小红书平台上有效提升品牌的知名度、美誉度和用户购买转化率，实现品牌的推广目标。在实际操作过程中，应根据品牌的特点、目标受众和市场情况进行灵活调整和优化，不断探索适合品牌的种草方式和策略，以取得更好的效果。你对这个攻略有什么想法或建议吗？欢迎随时和我交流。

通过上述小红书品牌种草攻略的实施，预期能够有效提升品牌在目标用户中的影响力和产品的转化率，同时增强品牌的市场竞争力。

提示词进阶

在构建提示词时，应注重攻略的针对性和创意性，明确笔记内容的主题和用户互动的方式。例如：

请帮我制订一套以"唇上风情"为主题的小红书品牌种草攻略，推广新系列口红。笔记内容可以围绕口红的颜色、质地和搭配技巧，结合节日和日常妆容。选择与品牌形象相符的KOL进行合作，通过他们的试色和推荐来吸引粉丝。引导用户通过评论和转发参与互动，如设置"最美试色"比赛，鼓励用户分享自己的试色照片。攻略需包含具体的执行计划和效果评估指标。

2.5.5 实战：B站UP主合作视频脚本

B站（哔哩哔哩）是中国年轻用户中极具影响力的视频平台。与UP主合作制作视频是品牌接触年轻受众、提升品牌认知度的有效手段。

场景

张鹏是一家电子产品公司的市场专员，他计划与一位知名的科技类UP主合作，推广公司的最新款智能手表。视频需要包含产品介绍、使用体验和互动环节，以吸引观众的注意力并增加产品的吸引力。

提示词

请帮我撰写一份B站UP主合作视频脚本，包括以下内容：①视频的开场和介绍部分；②产品特点和使用体验的展示；③互动环节的设计，鼓励观众参与和反馈。请确保脚本内容吸引人、信息准确，并能够突出产品的独特卖点。

回答

B站UP主合作视频脚本

镜号	景别	画面	时长	台词	音效
1	全景	UP主的房间，布置温馨，有各种动漫周边和电子产品。UP主坐在桌前，对着镜头微笑挥手	0:00-0:05	哈喽，大家好呀！我是[UP主名字]，欢迎来到本期的视频。今天要给大家分享一个超棒的产品哦！	轻松愉快的背景音乐（持续到视频结束）

续表

镜号	景别	画面	时长	台词	音效
2	中景	镜头拉近，聚焦在桌子上摆放的产品上	0:05-0:12	就是这个啦！[产品名称]，最近我一直在用，真的感觉非常不错，所以迫不及待要和大家分享一下我的使用体验	产品拿起的音效
3	特写	给产品一个特写，展示产品的外观设计、品牌标识等细节	0:12-0:20	大家可以先看一下它的外观，设计非常简约时尚，很有质感，我个人是非常喜欢这种风格的。而且它的材质也很不错哦，摸起来很舒服	轻微的触摸音效

······

以上脚本仅供参考，你可以根据实际产品和合作要求进行修改和完善。如果你能提供更多关于产品的信息，我可以为你生成更详细、更有针对性的脚本，你觉得这个脚本怎么样呢？

通过上述B站UP主合作视频脚本的撰写，预期能够有效提升产品在年轻用户中的知名度和兴趣，同时增加品牌的互动性和亲和力。

💡 **提示词进阶**

在构建提示词时，应注重视频内容的创意和互动性，明确视频的结构和互动方式。例如：请帮我撰写一份以"智能生活，触手可及"为主题的B站UP主合作视频脚本，推广我们的新款智能手表。视频开场可以是UP主的日常科技产品使用场景，然后引入我们的智能手表。展示手表的健康监测、消息提醒等功能，并分享UP主的亲身使用体验。设计互动环节，如"你问我答"，鼓励观众在评论区提问，UP主现场回答。脚本需包含引人注目的视觉效果和品牌元素，以便于观众识别和记忆。

2.5.6 实战：电商直播销售策略

电商直播已成为当前电商行业的重要营销方式之一，其直观、互动的特点能够有效提升消费者的购买意愿和转化率。

场景

> 杨柳是一家服装公司的市场经理，公司希望通过电商直播销售新款服装为即将到来的大型促销活动策划一次直播带货。为了最大化销售效果，杨柳需要一套全面的直播销售策略。

提示词

> 你是一名电商直播销售策略师。请为服装公司制订一个电商直播销售策略，要考虑产品特点（款式、颜色、尺码等）、目标受众（年龄、性别、消费习惯等）、直播内容（服装展示、搭配建议等）、直播时间等。

回答

服装公司电商直播销售策略

一、产品特点分析

1.款式

涵盖时尚潮流款、经典基础款、休闲舒适款等多种类型，以满足不同消费者的审美和穿着需求。时尚潮流款注重设计感和独特性，紧跟当下流行趋势，适合追求个性和时尚的消费者；经典基础款则以简约、百搭为特点，是日常穿搭的必备单品，受众面较广；休闲舒适款强调穿着的舒适度和自在感，适合在休闲场合穿着。

定期推出新款，保持产品的新鲜感和吸引力，同时注重款式的多样性和创新性，不断拓展产品线，满足消费者日益多样化的需求。

……

3.用户反馈收集与处理

重视用户的反馈意见，在直播过程中和直播结束后，及时收集用户的留言、评论和私信，了解用户对服装产品、直播内容和服务的满意度和建议。对于用户提出的问题和建议，要及时进行回复和处理，解决用户的疑虑和问题，改进产品和服务质量，提升用户的体验和满意度。

建立用户反馈数据库，对用户的反馈信息进行整理和分析，总结用户的需求和痛点，为产品研发、设计和营销策略的制订提供参考。通过不断满足用户的需求，提高用户的忠诚度和口碑，促进品牌的长期发展。

通过上述提示词，用户可以利用豆包创建一套系统化的电商直播销售策略，帮助用户实现高效的销售转化和给用户带来良好的体验。

2.6 沟通协作

在快速变化的商业环境中，无缝沟通与高效协作是成功的关键因素之一。本节介绍使用豆包助力企业跨越部门壁垒，优化沟通策略，有效应对客户投诉，解决团队内部冲突，并主持高效会议，学习如何利用智能工具提升沟通效率与团队协作力。

2.6.1 实战：跨部门沟通策略制订

跨部门沟通在企业运营中至关重要，良好的沟通策略能提高工作效率，避免误解和冲突。使用豆包，可以快速生成符合企业需求的跨部门沟通策略。

场景
　　小王是一家制造企业的项目经理，公司正在进行一个新产品研发项目，需要跨部门合作，包括研发部门、生产部门、市场部门等。

提示词
　　你是一名沟通策略专家。请根据以下情况制订跨部门沟通策略。项目涉及研发部门、生产部门、市场部门等，目的是确保新产品研发项目顺利进行，要考虑沟通频率、沟通方式（如会议、邮件、即时通信工具等）、信息共享机制等。

回答

跨部门沟通策略：确保新产品研发项目顺利进行

　　一、项目背景与目标

　　本次新产品研发项目涉及研发部门、生产部门、市场部门等多个部门，旨在通过各部门的协同合作，成功推出具有市场竞争力的新产品，满足客户需求，提升公司市场份额和经济效益。为实现这一目标，需制订有效的跨部门沟通策略，确保信息流通顺畅，问题及时解决，工作协同高效。

　　二、沟通频率

　　1.每周例会

　　频率：每周一次。

　　参与部门：研发部门、生产部门、市场部门。

　　方式：会议

　　……

通过以上跨部门沟通策略的制订和实施，建立起高效、顺畅的沟通机制，加强各部门之间的协作与信息共享，及时解决项目过程中出现的问题，为新产品研发项目的成功提供有力保障。同时，根据项目实际情况和沟通效果的评估反馈，不断调整和完善沟通策略，以适应项目的动态变化和发展需求。

通过上述提示词，用户可以借助豆包生成一份详尽且实用的跨部门沟通策略，帮助用户提高项目执行效率，并加强团队合作。

提示词进阶

在构建提示词时，应详细描述各部门的职责和目标，例如具体说明研发部门的主要职责是开发新产品的技术，生产部门的主要职责是将产品生产出来，市场部门的主要职责是推广产品，以及各部门在项目中的具体目标，例如：

你是一名沟通策略专家。请根据以下情况制订跨部门沟通策略。项目涉及研发部门、生产部门、市场部门等，目的是确保新产品研发项目顺利进行，要考虑沟通频率、沟通方式（如会议、邮件、即时通信工具等）、信息共享机制等。研发部门的主要职责是开发新产品的技术，在项目中的具体目标是完成产品的原型设计和初步测试；生产部门的主要职责是将产品生产出来，在项目中的具体目标是确保产品质量和按时交付；市场部门的主要职责是推广产品，在项目中的具体目标是制订并执行有效的市场推广计划。

2.6.2 实战：客户投诉处理沟通话术

客户投诉处理是企业维护客户关系、提升服务质量的重要环节之一。有效的沟通话术能够帮助企业妥善解决客户问题，转化不满意为满意，甚至增强客户忠诚度。

场景

王强是一家客户服务部门的主管，他需要制订一套客户投诉处理的沟通话术，以指导客服团队在接到客户投诉时能够专业、有效地回应。话术需要包括倾听客户诉求、表达同理心和提供解决方案。

提示词

请帮我制订一套客户投诉处理的沟通话术，包括以下内容：①倾听客户诉求的技巧；②表达同理心和诚意的方式；③提供解决方案和后续跟进的流程。请确保话术专业、体贴，能够有效解决问题。

回答

客户投诉处理沟通话术

一、倾听客户诉求的技巧

1.开场白

"您好,非常感谢您联系我们并反馈问题。我是[客服姓名],很愿意为您解决问题。您现在方便详细说一下遇到的问题吗?"

2.倾听过程中的回应

(1)积极反馈

"嗯,我在听,请您继续说。"

"好的,我明白了。"

......

在实际处理客户投诉时,要根据具体情况灵活运用这些话术,保持真诚、专业的态度,以解决问题为核心,努力提升客户满意度。同时,要注意记录客户投诉的详细信息和处理过程,以便后续分析和改进工作。

通过上述提示词,用户可以利用豆包创建一套标准化的客户投诉处理沟通话术,有助于提升客服团队的专业水平和服务质量。

提示词进阶

在构建提示词时,应注重沟通话术的情感表达和问题解决能力,明确话术的结构和要点。例如:

请帮我制订一套客户投诉处理沟通话术,用于指导客服团队在接到产品质量投诉时的响应。话术应包括确认客户遇到的具体问题、表达对客户不便的歉意、提供可能的解决方案(如退换货或补偿)和承诺后续的跟进。话术需包含具体的例子和应对不同情况的指导,以便于客服团队灵活运用。

2.6.3 实战:团队协作冲突解决

在团队协作中,冲突是不可避免的。有效的冲突解决策略能够促进团队成员之间的和谐合作,维护团队的稳定性和提高工作效率。

场景

李娜是一家互联网公司的团队负责人,她需要处理团队成员间的工作风格和意见分歧所导致的冲突。解决策略需要包括识别冲突原因、沟通调解和建立共识。

提示词

> 请帮我制订一份团队协作冲突解决策略，包括以下内容：①识别和分析冲突的根本原因；②制订沟通调解的步骤和方法；③建立团队共识和预防未来冲突的机制。请确保策略公正、有效，并能够促进团队成员之间的相互理解。

回答

> **团队协作冲突解决策略**
>
> **一、识别和分析冲突的根本原因**
>
> （一）观察团队成员的行为和互动
>
> 注意成员之间的沟通方式，是否存在语气生硬、打断对方、回避交流等情况。
>
> 观察在团队讨论和决策过程中，成员的参与度和反应，是否有过于激进或消极抵制的表现。
>
> 关注成员在工作分配和任务执行中的态度，有无推诿责任、争抢资源等现象。
>
> ……
>
> 通过以上团队协作冲突解决策略的实施，可以有效地识别和解决团队中的冲突，促进团队成员之间的相互理解和合作，建立良好的团队共识和协作氛围，提高团队的整体绩效和竞争力。同时，要不断总结经验，根据团队的实际情况和发展变化，适时调整和完善策略，确保其始终具有有效性和适应性。

通过上述团队协作冲突解决策略的实施，预计能够减少团队内的摩擦，增强团队凝聚力，提升团队整体的工作效率和氛围。

提示词进阶

> 在构建提示词时，应注重冲突解决的系统性和长远性，明确解决冲突的具体方法和预防措施。例如：
>
> 请帮我制订一份团队协作冲突解决策略，以解决团队成员在项目优先级设置上的分歧。策略应包括组织一个开放的讨论会议来识别分歧点，通过角色扮演和换位思考来增进相互理解，以及建立一个基于团队共同目标的项目优先级决策框架。策略需包含定期的团队建设活动和反馈机制，以预防未来的潜在冲突。

2.6.4 实战：高效会议组织与主持

高效的会议是企业决策和信息交流的重要环节之一。良好的会议组织与主持能够确保会议目标的达成，提高会议效率，节省时间成本。

场景

> 张伟是一家咨询公司的部门经理，他需要组织和主持每周的部门例会。会议需要包括议程设置、时间控制和决策制定，以确保会议的高效和有效进行。

提示词

> 请帮我制订一份高效会议组织与主持的指南，包括以下内容：①明确会议目的和议程设置；②会议时间安排和参与人员的选择；③会议中的沟通引导和决策制定；④会议总结和后续行动计划的制订。请确保指南详尽、实用，并能够提高会议效率。

回答

> ### 高效会议组织与主持指南
>
> **一、明确会议目的和议程设置**
>
> （一）确定会议目的
>
> 1.问题解决型会议：针对团队或项目中出现的特定问题，如技术难题、流程障碍、客户投诉等进行讨论和解决。在确定目的时，需明确问题的核心和期望达成的解决方案类型，例如是寻找短期应急方案还是长期的根本性解决措施。
>
> ……
>
> 3.沟通和共享计划
>
> 将后续行动计划以书面形式（如会议纪要、任务分配表等）分发给所有参会人员，并确保相关人员（如未参会但受计划影响的人员）也能获取信息。
>
> 在团队内部建立信息共享平台或沟通渠道，方便成员之间在执行行动计划过程中进行信息交流和协作。

通过上述高效会议组织与主持指南的实施，预期能够提高会议的决策质量和执行效率，减少无效会议的时间浪费。

提示词进阶

> 在构建提示词时，应注重会议的效率和成果，明确会议的组织流程和主持技巧。例如：
> 请帮我制订一份高效会议组织与主持的指南，用于指导如何组织一次项目进度汇报会议。指南应包括制订清晰的会议议程、分配合理的会议时间给每个议题、确定关键参与者、引导有效的会议讨论和快速决策以及会后行动计划的明确分配。指南需包含如何处理会议中的突发情况和保持会议焦点的技巧，以确保会议的顺利进行和高效成果。

2.7 求职招聘

在竞争激烈的就业市场，精准对接与高效沟通成为求职招聘的核心。本节讲解如何使用豆包助力求职招聘，从个性化求职信的撰写到面试技巧，再到精准职位描述分析与试用期规划建议，全方位赋能求职者与招聘方。

2.7.1 实战：个性化求职信的撰写

求职信是求职者向招聘方展示自己优势和职位匹配度的重要工具。一封个性化的求职信能够使求职者在众多候选人中脱颖而出。

场景
　　刘洋是一位应届毕业生，正在申请一家互联网公司的市场营销岗位。他需要撰写一封求职信，展示自己的教育背景、实习经历以及对市场营销的热情和理解。

提示词
　　请帮我撰写一封互联网公司的市场营销岗位求职信，包括以下内容：①对申请职位的理解和热情；②相关的教育背景和实习经历；③个人技能和成就，以及它们如何与职位要求相匹配；④表达对加入公司的渴望和期望。请确保求职信真诚、专业，并能够突出个人特色。

回答

求职信

尊敬的[招聘负责人称呼]：

您好！我是[你的姓名]，非常荣幸有机会向您投递我的求职信，申请贵公司的市场营销岗位。我对这个职位充满了浓厚的兴趣和热情，以下是我对该职位的理解以及我自身情况的详细介绍。

一、对申请职位的理解和热情

在当今数字时代，互联网公司的市场营销岗位犹如一艘帆船的舵手，引领着公司在激烈的市场竞争中破浪前行。它不仅仅是推广产品或服务，更是通过深入了解市场动态、消费者需求和竞争对手情况，制订精准的营销策略，以最有效的方式将公司的价值传递给目标客户。

......

衷心祝愿贵公司事业蒸蒸日上，再创辉煌！

此致

敬礼！

[你的姓名]

[日期：2024 年 11 月 15 日]

通过上述提示词，用户可以借助豆包生成一封结构合理、内容充实的个性化求职信，有助于提升简历的吸引力并增加面试机会。

提示词进阶

在构建提示词时，应注重求职信的个性化和针对性，明确求职者的优势和职位的相关性。例如：

请帮我撰写一封针对市场营销岗位的个性化求职信。信中需展现我对数字营销的深刻理解，以及在大学期间参与的社交媒体活动策划经历。强调我的创意思维和数据分析技能，以及如何利用这些技能为公司带来新的营销视角。表达我对加入贵公司的热忱和对市场营销行业的长远职业规划。

2.7.2 实战：面试模拟

面试是求职过程中的关键环节。良好的面试技巧能够帮助求职者更好地展示自己，提高被录用的机会。

场景 　陈梅正在准备面试会计岗位，希望可以在一个无压力的环境中练习面试技巧，并获得及时反馈。

提示词 　作为一名资深 HR，请结合面试岗位，用通俗易懂的言语提供实用可行的面试指南。面试岗位为会计。

回答

会计岗位面试指南

一、面试前准备

（一）了解公司与岗位

1.研究公司

去公司的官方网站看看，了解公司的业务范围、发展历程、组织架构等基本信息。比如，如果是一家制造业公司，你要知道它主要生产什么产品，市场地位如何。

关注公司的新闻动态，看看最近有没有什么重大事件或业务拓展，这能让你在面试时表现出对公司的关注和兴趣。

……

3.总结经验教训

无论面试结果如何，都要对这次面试进行总结。回顾自己在面试中的表现，哪些地方做得好可以继续保持，哪些地方存在不足需要改进。比如，你发现自己在回答某个专业问题时不够流畅，那么你就可以在面试后进一步加强对这个知识点的学习。这样，下次面试时你就能表现得更好。

通过豆包模拟面试官，可让求职者掌握面试中的关键技巧，如专业技能展示、沟通能力以及压力管理，从而在真实的面试中更加从容不迫，提高获得职位的机会。

提示词进阶

在构建提示词时，应补充求职者的个人详细信息，例如教育背景、相关证书、工作经验等，例如：

作为一名资深HR，请结合面试岗位以及求职者的个人详细信息，用通俗易懂的言语提供实用可行的面试指南。面试岗位：会计，求职者教育背景为会计学专业本科毕业，拥有注册会计师证书，有3年会计工作经验。

2.7.3　实战：职位信息描述

职位信息描述是求职者了解岗位要求和公司期望的重要途径。一份清晰、详尽的职位描述能够帮助求职者判断自己是否适合该职位，并据此准备求职材料。

场景

王强是一家企业的人力资源专员，他需要撰写一份职位信息描述，以吸引合适的求职者申请公司的"市场分析师"岗位。描述需要包括岗位职责、任职资格、工作技能要求和公司文化。

提示词

请帮我撰写一份市场分析师岗位的职位信息描述，包括以下内容：①岗位职责和主要工作内容；②任职资格和教育背景要求；③专业技能和个人素质要求；④公司文化和团队氛围的介绍。请确保描述准确、吸引人，并能够清晰传达岗位的关键信息。

回答

市场分析师职位描述

一、岗位职责和主要工作内容

1.市场调研与分析

负责收集、整理和分析市场相关数据，包括行业动态、竞争对手信息、市场趋势等，为公司决策提供数据支持。

开展市场调研活动，设计调研问卷、组织访谈、分析调研结果，深入了解消费者需求、行为和市场竞争态势。

监测市场变化，及时发现潜在的市场机会和风险，撰写市场分析报告，提出有针对性的建议和策略。

......

我们追求卓越的工作品质和业绩，鼓励员工在工作中不断追求更高的标准和更好的结果。公司注重创新和效率，鼓励员工勇于尝试新的方法和思路，不断优化工作流程和方法，提高工作效率和质量。同时，我们也为员工提供良好的激励机制和发展空间，对于表现优秀的员工，我们将给予充分的认可和奖励，包括晋升、奖金、股权激励等，让员工在工作中实现自我价值和职业梦想。

通过上述提示词，用户可以借助豆包生成一份结构合理、内容翔实的职位信息描述，有助于吸引合适的候选人并提高招聘效率。

提示词进阶

在构建提示词时，应注重职位信息描述的针对性和吸引力，明确岗位的核心要求和公司的特色。例如：

请帮我撰写一篇市场分析师岗位的职位信息描述，强调岗位对市场趋势分析和数据解读的能力要求，要求求职者持有市场营销或相关领域的学士学位，具备至少两年的相关工作经验。专业技能方面，要求熟练使用数据分析工具，如SPSS或R语言，以及良好的沟通和报告撰写能力。公司文化部分，介绍公司开放、创新的工作环境，以及团队合作的重要性。描述中应包含公司的部分福利政策，如灵活的工作时间和职业发展机会，以获得求职者的兴趣。

2.7.4 实战：试用期工作规划建议

试用期是员工展示能力、融入团队的关键时期。一个好的工作规划能够帮助新员工快速适应新环境，展现自己的职业价值。

📺 **场景**　　李娜是一位人力资源经理，她需要为新入职的员工提供试用期工作规划建议，以帮助他们顺利通过试用期，并在新岗位上取得成功。

🐼 **提示词**　　请帮我制订一份试用期工作规划建议，包括以下内容：①试用期的目标设定；②关键任务和项目的优先级排序；③与团队成员建立合作关系的策略；④自我评估和反馈获取的方法。请确保建议具体、实用，并能够帮助新员工快速融入并展现业绩。

👩 **回答**

试用期工作规划建议

一、试用期目标设定

1.快速熟悉公司业务、市场分析师岗位的工作职责和流程，融入公司文化和团队氛围。

2.掌握并熟练运用市场分析所需的工具和方法，如数据分析软件（Excel、SPSS 等）、市场调研方法等。

3.独立完成至少[×]项小型市场调研或数据分析项目，并提交高质量的报告，为团队提供有价值的见解和建议。

……

5.对比行业标准

关注行业内的市场分析师的工作标准和要求，了解自己在行业中的位置和水平。

通过参加行业研讨会、阅读行业报告等方式，学习行业内优秀的市场分析案例和方法，对比自己的工作成果，找出差距和不足，不断提升自己的专业水平和竞争力。

通过上述试用期工作规划建议的制订，预期能够帮助新员工明确试用期目标，有效管理工作任务，快速融入团队，提高通过试用期的概率。

💡 **提示词进阶**

在构建提示词时，应注重规划建议的针对性和实操性，明确试用期的关键成功因素。例如：

请帮我制订一份针对新入职营销岗位员工的试用期工作规划建议。建议应包括设定具体的业绩目标，如完成特定数量的客户拜访或达成销售指标；优先处理对团队影响最大的任务，如市场调研或客户关系建立；主动与团队成员沟通，参与团队会议和社交活动，以建立良好的工作关系；定期进行自我评估，并向上级和同事寻求反馈，以不断改进工作表现。建议应具体到每周和每月的行动计划，以帮助新员工有条不紊地开展工作。

2.8 课程教学

本节通过实战案例，讲解如何使用豆包提高教学质量和效率，使得教学过程更加系统化和个性化。

2.8.1 实战：个性化教学计划制订

个性化教学计划制订对于满足不同学生的学习需求和提高教学效果至关重要。借助豆包，可以快速生成符合学生特点和课程目标的教学计划。

场景　刘老师是一位初一数学教师，他需要为班上的学生制订个性化教学计划，以适应不同学生的学习能力和进度。计划需要包括学生的学习目标、教学方法和评估机制。

提示词　请帮我制订一份针对七年级学生的个性化数学教学计划，包括以下内容：①学生的学习目标和需求分析；②针对不同学生的教学方法和资源分配；③教学进度的监控和评估机制。请确保计划能够适应每个学生的学习特点，促进他们的全面发展。

回答

七年级学生个性化数学教学计划

一、学生的学习目标和需求分析

（一）学习目标

1.掌握七年级数学的基础知识，包括有理数、整式的加减、一元一次方程、图形的初步认识等。

2.培养学生的数学思维能力，如逻辑思维、抽象思维、空间想象能力等。

3.提高学生的数学运算能力，包括有理数的运算、整式的运算、解方程等。

……

5.家长反馈评估

定期与家长沟通，了解学生在家庭中的学习情况和表现，听取家长对教学工作的意见和建议。家长反馈可以作为评估学生学习情况和教学效果的一个重要参考。通过家长与教师的共同努力，促进学生的全面发展。

通过上述个性化教学计划的制订，预计能够为每个学生提供适合他们需求的教学支持，提高学习效果和学生满意度。

提示词进阶

在构建提示词时，应注重教学计划的个性化和适应性，明确学生的学习需求和教学目标。例如：

请帮我制订一份针对七年级学生的个性化数学教学计划。计划应包括对每个学生的学习风格和能力水平的评估，以及根据这些评估结果定制的教学活动和练习。教学方法应包括小组讨论、一对一辅导和互动式学习软件的使用。评估机制应包括定期的测验、自我评估和同伴评价，以确保学生能够按计划进步，并及时调整教学策略。

2.8.2　实战：互动式教学内容开发

互动式教学能够提高学生的参与度和学习动机。通过开发互动式教学内容，教师可以创造更加生动和有趣的学习环境，增强学生对知识的理解和记忆。

场景

王老师是一名小学数学教师，需要开发互动式教学内容，课程目标是让学生掌握基本的数学运算。

提示词

你是一名数学教师，请根据以下课程目标开发互动式教学内容。课程目标是让学生掌握基本的数学运算，学生需求包括趣味性、参与性等。

回答

一、有理数运算互动教学

（一）"有理数大作战"游戏

1.游戏准备

制作数字卡片，包括正整数、负整数、正分数、负分数，如+5、−3、1/2、−3/4等，卡片数量根据学生人数和分组情况确定。

将学生分成若干小组，每组4~6人。

在教室前方的黑板上划分出不同的区域，分别标记为"加法区""减法区""乘法区""除法区"。

……

3.互动讨论与解答

每个小组表演结束后，其他小组的同学可以进行提问和讨论，共同分析情景中的数量关系和方程的列法。然后，由表演小组的同学解答大家的疑问，并讲解如何解方程得到问题的答案。

> 　　教师在整个过程中进行引导和点评，帮助学生更好地理解和应用一元一次方程解决实际问题，同时鼓励学生积极参与讨论和思考，提高他们的学习兴趣和主动性。

　　通过上述互动式教学内容的开发，可以为学生提供一个更加活跃和参与性强的学习体验，增强他们的学习动机和效果。

提示词进阶

> 　　在构建提示词时，应更详细地描述学生的年龄特点和学习进度等因素，例如具体说明学生的年龄是几岁，以及当前的学习进度已经掌握了哪些知识。
>
> 　　你是一名数学教师，请根据以下课程目标开发互动式教学内容。课程目标是让学生掌握基本的数学运算，学生需求包括趣味性、参与性等。学生年龄为10岁，当前学习进度为：刚刚接触整数的四则运算，对加减法较为熟悉，但乘法和除法的运算还在初步学习阶段，尤其是对于乘法口诀的记忆和应用还不够熟练，除法的运算理解相对较浅，在解决实际数学问题时，对于数量关系的分析和运用能力较弱。

2.8.3　实战：教学工作总结

　　教学工作总结是教师对一定时期内教学活动和成果的回顾与反思。通过撰写教学工作总结，教师可以评估教学效果，总结经验教训，并为未来的教学工作提供改进方向。

场景
> 　　赵老师是一位小学语文教师，她在学期结束时需要撰写一份教学工作总结，以评估本学期的教学成果和学生的学习情况。总结需要包括教学目标的完成情况、教学方法的适用性、学生的学习进展和存在的问题。

提示词
> 　　你是一名小学四年级的语文老师，请撰写一份教学工作总结，包括以下内容：①本学期的教学目标和完成情况；②所采用的教学方法和效果评估；③学生的学习进展和成果；④存在的问题和改进建议。请确保总结客观、全面，并能够为未来的教学提供参考。

回答
> **小学四年级语文教学工作总结**
> 　　本学期我担任小学四年级的语文教学工作。在教学过程中，我始终以培养学生的语文素养为目标，致力于提高学生的听说读写能力，让学生在语文学习中获得知识、培养兴趣、提高能力。以下是我对本学期教学工作的总结：

一、本学期的教学目标和完成情况

（一）教学目标

1.学生能够正确、流利、有感情地朗读课文，背诵指定的课文和古诗词，提高朗读水平和语感。

2.掌握本学期所学的生字词，包括读音、写法、词义，能够正确运用生字词进行组词、造句、写作等，丰富词汇量。

......

4.关注学生的个性化发展

加强对学生的个性化关注，了解每个学生的学习特点和需求。在课堂教学中，关注学生的课堂表现和参与度，及时发现学生的问题并给予指导。在课后，利用课余时间与学生进行交流和沟通，了解学生的学习情况和心理状态，为学生提供个性化的学习建议和帮助。对于学习优秀的学生，可以组织一些课外拓展活动，如语文兴趣小组、阅读写作竞赛等，为他们提供更多的发展空间；对于学习困难的学生，要给予更多的关心和鼓励，帮助他们树立学习信心，克服困难。

通过上述教学工作总结的撰写，预期能够全面评估本学期的教学活动，总结有效的教学策略，识别并改进教学中的不足，为下学期的教学工作提供指导。

提示词进阶

在构建提示词时，应注重总结的深入性和建设性，明确总结的重点和改进措施。例如：

请帮我撰写一份针对本学期小学语文教学的工作总结。总结应详细描述学期初设定的教学目标与实际完成情况的对比，分析所采用的互动式教学和项目式学习等方法的有效性。评估学生的学习成果，特别是阅读理解和写作技能的提升情况。指出教学中遇到的主要问题，如学生参与度不均衡、部分学生学习动力不足等，并提出具体的改进建议，例如增加差异化教学、强化学习动机激发策略等。总结应包含对教学材料和资源使用的反思，以及对家长沟通和家校合作效果的评价。

2.9　文本的高效转换与精准提取

在日常工作中，我们经常需要处理各种格式的文本文件，并从中提取关键信息。使用豆包可以实现文本的转换和提取，从而大大提高工作效率。

2.9.1　一键转换文本格式

文本格式转换是日常工作中的常见需求，例如将文本转换成Markdown格式，通过豆包可以轻松实现多种格式之间的转换。

场景

小张有一段普通文本，需要将其转换为Markdown格式，以便在Markdown编辑器中使用。

提示词

请将以下文本转换为Markdown格式，请确保转换后的Markdown格式正确且排版美观。

文本内容如下：（略）。

回答

#AI的发展历史与未来展望

自从1956年在达特茅斯会议上首次提出"AI"这一概念以来，AI经历了多次起伏和发展。早期的AI主要依赖于符号逻辑和规则系统，用于解决数学问题和游戏，如国际象棋。随着计算能力的提升和数据量的爆炸性增长，机器学习，尤其是深度学习技术迅速崛起，成为推动AI发展的核心动力。

##AI的主要分支

–**机器学习（Machine Learning）**：通过数据训练模型，使其能够自动完成特定任务。

–**自然语言处理（NLP）**：使计算机能够理解、解释和生成人类语言。

–**计算机视觉（Computer Vision）**：让机器能够识别和理解图像和视频。

……

未来的挑战与机遇

尽管AI取得了显著的进步，但仍面临许多挑战，如数据隐私、伦理问题和解释性。未来的发展方向可能包括更强大的通用AI系统，以及在更多领域实现人机协作。

一键转换文本大幅提高了内容创作者的工作效率，使他们能够更快速地准备和发布内容。

提示词进阶

在构建提示词时，应注重转换功能的兼容性和易用性，明确支持的Markdown语法和输出要求。例如：

> 请帮我转换文本为 Markdown 格式，转换过程中，请确保支持以下 Markdown 基本语法：标题（#、##、###）、无序列表（-、*）、有序列表（1.）、链接（链接文本）和图片（图片 URL）等。
>
> 输入文本：（略）。

2.9.2　文本秒变表格

在处理大量数据时，表格是一种非常直观和有效的展示方式。然而，手动将文本数据转换成表格往往耗时费力。利用豆包，可以将文本输出为表格，极大地提高了数据处理的效率。

场景

> 为了方便数据的展示和分析，小张希望能够将文本形式的数据快速转换成表格格式。

提示词

> 将下方的财务文本数据转换为表格格式
> A0203，饼干，盒，10，20，200
> B0405，牛奶，瓶，20，5，100
> C0607，面包，袋，15，10，150
> D0809，苹果，斤，5，12，60
> E1011，洗发水，瓶，8，25，200
> F1213，纸巾，包，20，3，60

回答

编号	商品名称	单位	数量	单价	总价
A0203	饼干	盒	10	20	200
B0405	牛奶	瓶	20	5	100
C0607	面包	袋	15	10	150
D0809	苹果	斤	5	12	60
E1011	洗发水	瓶	8	25	200
F1213	纸巾	包	20	3	60

通过上述提示词，我们可以轻松地将文本数据转换为表格格式，极大地提高了数据处理的效率和可读性。

提示词进阶

在构建提示词时应进一步明确文本的具体格式及期望的表格结构，例如：

请帮我将以下文本内容转换为Excel表格，具体要求如下。

- 列标题分别为：姓名、职务、部门、学历、专业、居住地址、联系方式、邮箱；
- 如果联系方式中有电话号码，则只保留电话号码；如果有邮箱地址，则只保留邮箱地址；
- 确保每一行数据对应正确的列。

2.9.3 图片文字的提取

在很多情况下，我们需要从图片中提取文字信息，例如处理扫描文档、从图片形式的资料中获取内容等。借助豆包，可以高效地完成图片文字的提取。

场景
小王有3张包含公司财务分析报告的图片，需要提取其中的文字内容。

提示词
请帮我提取图片中的文字。

（将要提取的3张图片按顺序拖曳至输入框中，并输入上述提示词，单击【发送】 ↑ 按钮，如下图所示。）

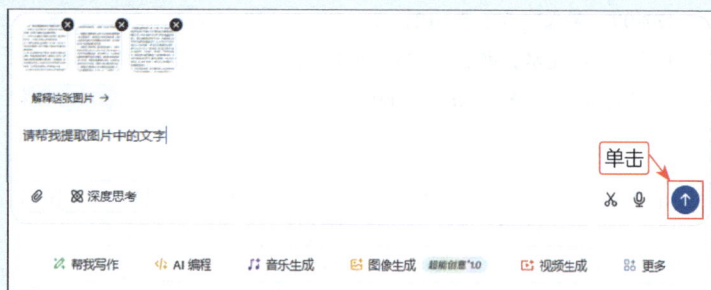

回答

公司财务分析报告

一、总体评述

1.公司财务业绩概况

经过细致研究××纺织有限公司发布的资产负债表和利润表，我们运用了比率分析和图表分析等多种分析技术，得出以下结论：该公司在2023年的财务表现总体稳定，并显示出盈利增长的趋势，与前一年相比，增长显著。

……

　　3.经营亏损的单位数量持续增加，亏损金额亦不断攀升。全局范围内的企业累计未弥补亏损已达到数十万元，与上一周期相比有显著增长。建议各企业领导层需加大对亏损企业的整顿力度和管理效能，致力于实现扭亏为盈的目标。

　　4.各企业均在不同程度上表现出潜在亏损的迹象。建议企业领导层应确保企业经营成果的真实反映，对于需要处理的问题及时采取措施，对于应核销的项目进行核销，以确保企业经营成果的真实性和透明度。

　　通过上述提示词，用户可以利用豆包快速从图片中提取出文字，注意核实提取的文本是否准确。

提示词进阶

　　在构建提示词时，可以要求对提取文本进行翻译或者润色，例如：

　　请从给定的图片中提取所有文字信息，并将其精准地转换成中文。同时，对翻译后的文本进行仔细润色，以确保语言表达正式、规范。要求：①提取图片中的所有文字信息，包括标点符号外文字符；②将提取的文字信息精准地转换成中文，确保字面意思不变；③对翻译后的文本进行润色，以提高语言表达的准确性和规范性；④润色过程中，请确保文本的流畅性和可读性，避免生硬和冗余的表述。

2.9.4　快速提取文本关键词

　　提取文本中的关键词可以帮助用户快速理解文章的核心内容，是进行信息检索、摘要生成等任务的基础。

场景　　刘洋是一位市场研究人员，他需要从大量的市场调研报告和用户反馈中提取关键词，以便快速识别市场趋势和消费者关注点。

提示词　　请帮我从下述文本中提取关键词，包括以下内容：①识别文本中的高频词汇和短语；②评估词汇与文本主题的相关性；③筛选出最具代表性的关键词。请确保提取的关键词能够准确反映文本的主题和重点。

　　文本内容：（略）。

回答　　关键词：

　　市场相关：智能戒指市场、市场规模、市场增长趋势、市场细分、竞争格局、市场发展趋势、市场应用趋势、市场份额

> 产品相关：可穿戴设备、智能戒指、功能（健康监测、通知与交互、支付与安全、多功能综合、传感器技术、无线通信技术、AI、大数据分析、功能融合与拓展、个性化定制、可持续发展）
>
> 消费者相关：消费者需求、购买动机（健康管理、便捷生活、时尚追求）、关注因素（功能性能、佩戴舒适度、外观设计、电池续航能力、价格）
>
> 发展相关：发展前景、机遇期、市场潜力、市场竞争、技术进步

通过上述提示词，用户可以利用豆包快速从文本中提取出重要的关键词，帮助用户快速抓住文章的核心要点，从而更好地理解和处理信息。另外，如果文本过长，可以通过上传文档后，再输入提示词。

提示词进阶

> 在构建提示词时应进一步细化文本的具体内容及预期结果，例如：
>
> 请帮我从以下文本中提取出最重要的15个关键词，并按重要性排序。要求：①提取的关键词应包括名词、动词和形容词；②请同时提供每个关键词出现的次数；③尽量排除常见的停用词（如"的""和"等）；④提供关键词之间的关联度或共现频率。请确保提取的关键词既能反映文本的主要内容，又能体现其重要性。

2.9.5 分析文本中的情感色彩

情感分析是一种通过自然语言处理技术来识别和分类文本中表达的情绪的方法。它可以帮助企业了解公众对其产品、服务或品牌的看法，对市场调研和舆情监测具有重要意义。

场景
> 张伟是一名市场分析师，他需要分析一篇关于新产品的用户评论，以判断用户的总体情绪倾向。

提示词
> 请帮我分析以下文本的情感色彩，并判断其是正面、负面还是中性，并请提供详细的情感分析报告，包括整体情感倾向和具体的积极/消极词汇。
>
> 文本内容：（略）。

回答
> 以下是对这些文本的情感分析报告：
>
> 第一段文本：
>
> 整体情感倾向：正面。

> 积极词汇：生活小助手、时尚精致、非常舒适、合适、功能强大、精准可靠、丰富
> 多样、准确记录、科学参考、及时、不错、非常方便、非常满意、强烈推荐。
> ……
> 第十段文本：
> 整体情感倾向：中性。
> 积极词汇：很喜欢、人性化、佩戴舒适、多种表盘、根据心情更换、非常强大。
> 消极词汇：重量比较重、续航能力差。

通过上述提示词，用户可以利用豆包快速分析文本的情感色彩，了解文本的整体情绪倾向，从而为市场调研和舆情监测提供有力支持。

提示词进阶

在构建提示词时应进一步细化文本的具体内容及预期结果，例如：

请帮我分析以下文本的情感色彩，并判断其是正面、负面还是中性。同时，请提供详细的情感分析报告，包括整体情感倾向、具体的积极/消极词汇及其强度评分。具体要求如下：①确定文本的整体情感倾向（正面、负面或中性）；②列出所有积极词汇和消极词汇，并给出它们在文本中的位置；③对每个词汇进行情感强度评分（如1~5分，1分为最弱，5分为最强）；④如果文本中包含混合情感，请指出并解释不同部分的情感差异。请确保情感分析报告既全面又准确，能够清晰地展示文本的情感特征。

2.10 AI搜索与AI阅读

随着AI技术的发展，AI在信息搜索和阅读方面展现出巨大的潜力。无论是快速查找所需信息，还是提高阅读效率和理解深度，AI工具都能提供强有力的支持。本节将探讨如何利用豆包来优化搜索过程，并提供高效的阅读辅助。

2.10.1 AI搜索：智能信息利器

AI搜索工具通过自然语言处理、机器学习等技术，能够帮助用户更精准地找到所需信息，大大提升信息检索的效率和质量。本小节讲解豆包的AI搜索功能，进行信息搜索。

79

场景

　　李华是一名市场营销专员，正在为公司的一款智能手表新产品推广活动做准备。他需要查找关于该智能手表目标市场消费者喜好、竞争对手的营销策略以及行业最新趋势等方面的资料。

提示词

　　请搜索关于智能手表目标市场消费者喜好、智能手表竞争对手营销策略以及智能手表所在行业最新趋势的资料，重点关注过去一年内发布的信息。

　　（在豆包网页版中，选择【AI搜索】选项，在搜索框中输入提示词，可以根据需求选择【深度思考：开】功能，然后单击【发送】按钮↑，如下图所示。）

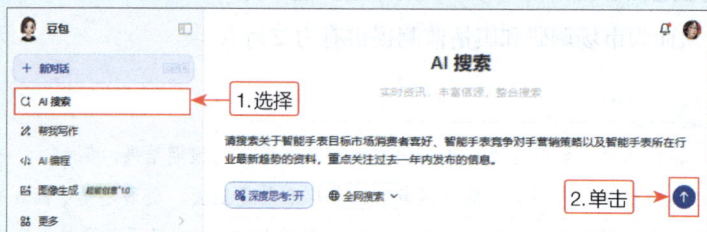

回答

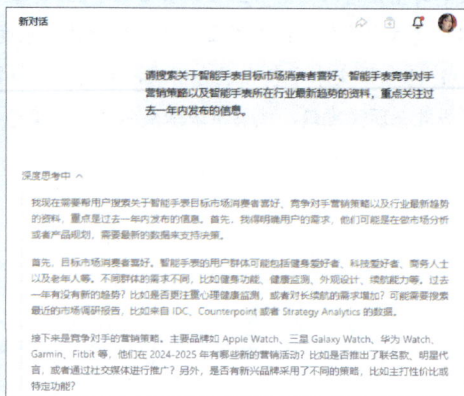

　　此时，可以从上图中看到豆包基于30个搜索来源，进行了整理和回答，用户可以逐个查看来源网站信息。

提示词进阶

　　在构建提示词时，明确搜索目标、时间范围及信息类型，并强调结果的详细性、准确性和结构化呈现，以提升信息搜索的效率和价值。例如：

　　请搜索来自专业市场调研机构发布的关于智能手表目标市场消费者喜好的PDF文件，要求搜索结果包含详细的数据、图表和分析，时间范围为过去半年内。

2.10.2　AI阅读：高效阅读助手

面对大量的文档资料，人工阅读和分析往往效率低下。豆包的AI阅读功能能够快速读取文档内容并提供分析意见，为用户节省时间和精力。

场景

> 张燕是一名财务分析师，她需要根据一份Excel财务报表，整理财务分析报告。

提示词

> （在豆包网页版中，选择【AI阅读】选项，在搜索框中输入提示词，然后单击【发送】按钮↑，如下图所示。）

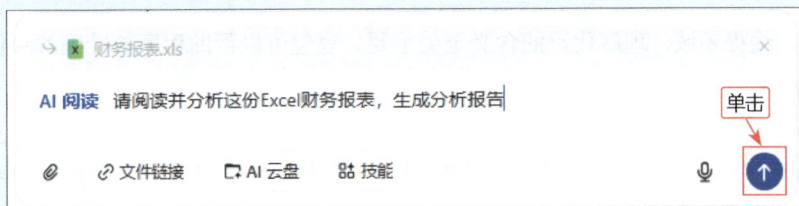

回答

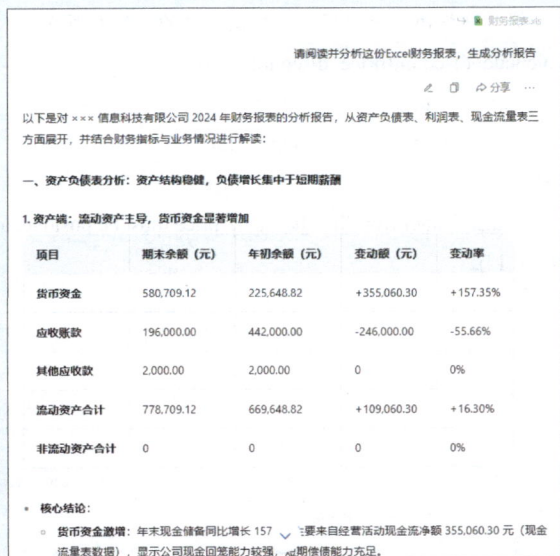

以上为豆包回复的部分截图，用户可以根据实际需求进行提问或调整生成的分析报告内容。

2.11 AI编程专家

本节主要介绍豆包在编程的学习和实战中的应用，它能提高用户编程效率，成为用户不可或缺的助手。对于专业的程序员，可以使用豆包MarsCode编程助手，它可以为用户提供智能补全、智能预测、智能问答等编程各阶段更加强大和专业的支持。

2.11.1 实战：准确解释代码

在编程领域，理解代码的含义至关重要。豆包可以帮助程序员准确解释代码，提高编程效率。

场景　张伟最近在学习Python编程，他在学习中遇到了一段复杂的Python代码，希望能够理解其功能。

提示词　请帮我解读这段Python代码，请提供详细的注释和解释。代码如下：

```python
def calculate_discount(price, discount_rate):
    if price > 0 and 0 <= discount_rate <= 1:
        return price * (1 - discount_rate)
    else:
        raise ValueError("Invalid input: price must be positive, and discount rate must be between 0 and 1")
```

回答

以上是豆包回答的部分截图，其中包含了注释及详细的解释，可以辅助用户学习和解读各类代码。此外，用户还可以将代码文件直接上传至对话框中，以便豆包进行代码注释和解读。

提示词进阶

在使用 AI 解读代码时，构建提示词应注意提供足够的代码上下文和具体需求，详细描述需要解读的代码段和关注点，同时可以提供一些代码示例和预期的输出，供豆包参考。例如：

请帮我解读以下代码段，它是一个数据排序的功能。代码需要包括：①功能描述，解释代码的主要作用；②逻辑流程，概述代码的执行顺序和排序算法；③关键变量和函数，指出代码中重要的变量和函数及其作用；④可能的问题和改进建议，分析代码中可能存在的问题并提出改进建议。代码如下：（略）。

2.11.2　实战：通过注释生成代码片段

豆包可以根据用户的注释自动生成相应的代码，减少手动编码的工作量，提高开发效率。

场景

李娜是一名前端开发人员，她正在为一个新的 Web 应用设计一个登录表单，并希望通过注释快速生成相应的 HTML 和 JavaScript 代码。

提示词

请根据以下注释生成一个简单的登录表单的 HTML 和 JavaScript 代码：
// 创建一个登录表单
// 表单包含两个输入字段：用户名和密码
// 每个输入字段旁边都有标签提示
// 添加一个提交按钮
// 当单击提交按钮时，验证用户名和密码是否为空
// 如果任意一项为空，则显示错误消息；否则，显示成功消息

回答

以上是豆包回答的部分截图，豆包根据注释快速生成了所需的代码片段，从而加速开发流程。

提示词进阶

在构建提示词时应进一步细化注释的具体内容及预期达成的效果，例如：

请根据以下详细的注释生成一个登录表单的 HTML 和 JavaScript 代码。具体要求如下：①HTML 代码应遵循语义化原则；②JavaScript 代码应简洁明了，尽量使用现代 JS 语法；③确保表单布局美观，可以适当添加 CSS 样式；④提供必要的事件处理程序以实现验证逻辑。请确保生成的代码不仅功能正确，而且具有良好的可读性和可维护性。

注释如下：(略)。

2.11.3 实战：错误代码的修复

在软件开发过程中，遇到代码错误是常见的现象。借助豆包，用户可以快速定位并修复代码中的问题，从而提高开发效率和代码质量。

场景 　赵明是一名 Python 爱好者，在编写一段代码时遇到了一些运行时的错误，但是一直找不到错误原因。

提示词 　请帮我检查以下这段 Python 代码，并指出其中存在的错误，同时提供修正后的代码。代码如下：

```python
def add_numbers(a, b):
    sum = a + b
    print("The sum is: ", sum)

num1 = 10
num2 = "20"

add_nubmers(num1, num2)  # 错误的函数名
```

回答

我将为你检查这段 Python 代码的错误并提供修正后的版本。

错误分析

1. 函数名称拼写错误：在调用函数时，函数名被写成了 add_nubmers，而定义的函数名是 add_numbers。

2. 类型不匹配：变量 num2 被赋值为字符串 "20"，而函数 add_numbers 期望的是数值类型。

3. 变量作用域问题：函数内部的 sum 变量覆盖了内置函数 sum()，不过这在当前代码中不是致命错误，但属于不良习惯。

修正后的代码

```python
def add_numbers(a, b):
    result = a + b  # 避免使用内置函数 sum 作为变量名
    print("The sum is:", result)

num1 = 10
num2 = 20  # 将字符串改为整数
add_numbers(num1, num2)  # 修正函数名称拼写错误
```

修正说明

1. 修复函数名拼写：将 add_nubmers 改为正确的 add_numbers。

2. 类型转换：将 num2 的值从字符串 "20" 改为整数 20，以与函数参数类型匹配。

以上是豆包回答的部分截图，豆包快速识别代码中的错误，并提供修正后的代码，从而提高开发效率和代码质量。

提示词进阶

在构建提示词时尽量提供完整的代码片段，详细描述代码出现的问题和错误信息，可以提供导致错误的输入和期望的输出及要求详细的调试建议。例如：

请帮我 Debug 以下代码段，它负责生成用户报告。代码需要包括：①错误描述，说明报告生成失败的问题；②代码审查，分析可能导致生成失败的部分；③调试建议，提供可能的修复措施和测试方法。代码如下：(略)。

第3章

学习跃升：豆包知识赋能站

随着AI技术的飞速发展，豆包为学习领域带来了革命性的变革。本章将深入探讨如何利用豆包在学习过程中实现知识获取、互动式学习、学术论文、成长规划、育儿助手以及心理健康等方面的应用，助力用户在各个领域实现知识的深度理解和能力的提升，从而在学术和职业发展上取得显著进步。

3.1 知识获取

知识获取是个人成长和职业发展的重要基石。通过高效的知识获取方式，个人可以不断提升自身的综合素质和专业能力。本节将介绍如何利用豆包实现知识的系统化和专业化积累。

3.1.1 解析经典文学作品

在快节奏的现代生活中，深入解析经典文学作品不仅能够丰富个人的文化底蕴，还能够激发创新思维。

场景

张华是一名文学爱好者，同时也是一名中学教师。他希望通过解析经典文学作品，为学生们提供更深入、更有趣的文学课堂。他选择了《红楼梦》作为解析对象，希望能够从中提炼出文学鉴赏的方法，以及作品背后的历史、文化价值。

提示词

请帮我深度解析《红楼梦》这部经典文学作品。解析内容包括：①作品背景分析；②人物性格与关系分析；③文学手法鉴赏；④作品所反映的社会文化现象、历史背景及其影响。请确保解析深入、全面，并适合用于教学。

回答

《红楼梦》深度解析

一、作品背景分析

（一）时代背景

《红楼梦》成书于清代，以18世纪上半叶中国封建社会为背景。这一时期，封建制度虽仍处于统治地位，但已显露出种种危机。社会经济方面，封建经济在经历了一定的繁荣后，开始出现停滞和衰退的迹象。土地兼并严重，农民生活困苦，阶级矛盾日益尖锐。政治上，封建统治阶层内部腐朽黑暗，官场贪污成风，权力斗争激烈。文化方面，封建礼教对人们的思想束缚严重，但同时也有一些新的思想观念开始萌芽。

......

综上所述，《红楼梦》是一部具有深刻思想内涵和高度艺术价值的经典文学作品。它以其独特的魅力，吸引着无数读者的关注和研究，对中国文学和文化的发展产生了深远的影响，是中华民族宝贵的精神财富。在教学中，引导学生深入理解和欣赏《红楼梦》，有助于培养学生的文学素养、审美能力和批判性思维，让他们更好地了解中国传统文化和社会历史。

通过上述提示词，豆包深度解析了《红楼梦》这部经典文学作品，从多个维度呈现了作品的丰富内涵。解析内容不仅有助于文学爱好者更深入地理解作品，也为教育工作者提供宝贵的教学资源。

提示词进阶

在构建提示词时，可以进一步细化解析要求，如针对特定章节或人物进行深入分析，或结合其他文学作品进行对比研究，以丰富解析内容。例如：

请帮我深入解析《红楼梦》中林黛玉这一角色。分析内容包括：①林黛玉的性格特点与成长背景；②她在作品中的情感变化与人际关系；③通过林黛玉的诗词作品，分析她的文学才华与情感表达；④将林黛玉与其他主要女性角色进行对比，探讨她们在作品中的地位与影响。请确保分析深入、细致，能够凸显林黛玉这一角色的独特魅力。

3.1.2 制订个性化阅读清单

每个人的兴趣爱好和阅读目的不同，因此制订一份符合个人需求的阅读清单是非常重要的。这不仅可以提高阅读效率，还可以让阅读过程更加愉快和有意义。

场景

王涛是一位职场新人，他希望通过阅读来提升自己的职业技能和软实力。他希望得到一份适合他的个性化阅读清单。

提示词

请根据我的兴趣和职业发展需要，帮我制订一份个性化的阅读清单。我目前从事市场营销工作，对心理学和社会学很感兴趣。我希望这份清单包括：①专业技能提升的书籍；②心理学和社会学方面的推荐读物；③职场沟通技巧和个人发展的相关书籍。请确保推荐的书籍既实用又有趣。

回答

个性化阅读清单

一、专业技能提升（市场营销）

（一）《营销管理》（第16版）——菲利普·科特勒（Philip Kotler）、凯文·莱恩·凯勒（Kevin Lane Keller）

1.内容简介

● 这本书是市场营销领域的经典之作，涵盖营销的各个方面，包括市场分析、消费者行为、品牌建设、营销渠道、促销策略等。它提供一个全面的营销框架，帮助读者理解市场营销的基本原理和实践方法。

● 书中有大量的实际案例和最新的市场研究成果，能够让你紧跟市场动态，了解不同行业的营销实践，无论是传统的消费品营销还是新兴的数字营销，都有涉及。

……

2.推荐理由

对于职场人士来说，这是一本非常实用的个人发展指南。它可以帮助你建立正确的工作态度和行为准则，提升自我管理能力，在竞争激烈的职场环境中脱颖而出。

通过上述提示词，用户可以利用豆包制订一份符合个人兴趣和职业发展需求的阅读清单，从而有针对性地提升自己的职业技能和文化涵养。

提示词进阶

在构建提示词时，可以进一步明确阅读目的和预期成果，如提高专业技能、拓宽视野或培养阅读习惯等。同时，可以结合个人时间安排和阅读进度，制订更加详细的阅读计划和评估标准。例如：

请帮我制订一份为期三个月的个性化阅读计划，旨在提高我的心理学和社会学技能。计划需包含以下内容：①根据我的兴趣和需求推荐相关书籍，并明确每本书的阅读顺序和时间安排；②设定每周的阅读目标和进度评估标准；③提供阅读方法和技巧建议，帮助我提高阅读效率和理解能力；④设定阅读成果的评估方式，如撰写读书笔记、参加线上读书会等。请确保计划既具有挑战性又可实现，能够真正帮助我提升专业素养和个人能力。

3.1.3 专业技能认证备考

专业技能认证备考是提升个人职业资格和竞争力的重要途径。通过系统地准备专业技能认证考试，从业者可以加深对专业知识的理解，提高工作技能，并为职业发展打下坚实的基础。

场景

李强是一名建筑行业的从业者，他计划参加二级建造师认证考试，以提升自己的专业技能，并在职场上获得更多的发展机会。他需要一个全面的备考计划，包括学习资料的整理、关键知识点的掌握、模拟测试以及考试技巧的指导。

提示词

　　请帮我制订一个二级建造师认证考试的备考计划，包括以下内容：①考试大纲的详细解析和学习资料的推荐；②建筑法规、工程管理及专业技术等关键知识点的系统讲解；③提供模拟测试和练习题，并附上详细的答案解析；④备考策略和考试技巧的指导。请确保备考计划科学合理，能够有效提升备考效率和通过率。

回答

二级建造师认证考试备考计划

一、考试大纲解析与学习资料推荐

（一）考试大纲解析

1.综合考试

（1）《建设工程法规及相关知识》

● 涵盖建设工程法律体系、建设工程法人制度、代理制度、物权制度、债权制度、知识产权制度、担保制度、保险制度、法律责任制度等。重点考查考生对法律法规的理解和应用能力，尤其是在工程建设实际场景中的法律问题分析和解决。

● 例如，对于建设工程合同纠纷的法律规定，考生需要掌握合同的订立、履行、变更、解除以及违约责任等方面的法律条款，能够准确判断在不同合同情形下各方的权利和义务。

……

2.施工成本管理

● 掌握施工成本管理的任务和环节，包括成本预测、成本计划、成本控制、成本核算、成本分析和成本考核。理解各环节之间的相互关系和在项目成本管理中的作用。

● 成本预测是在工程施工前对成本进行的估算，为成本计划的编制提供依据。成本计划是根据成本预测结果编制的具体成本控制目标和计划方案。成本控制是在施工过程中对成本进行动态监控和调整，确保成本目标的实现。成本核算是对施工过程中发生的各项费用进行核算，计算出实际成本。成本分析是对成本核算结果进行分析，找出成本偏差的原因，为成本控制提供依据。成本考核是对项目成本管理工作进行总结和评价，明确成本管理责任。

　　通过上述提示词，用户可以利用豆包制订一份详尽的备考计划，涵盖从学习资源到模拟试题的各个方面，从而提高备考效率和通过率。

提示词进阶

　　在构建提示词时，应注重备考计划的针对性和实用性，明确备考的目标和方法。例如：

请帮我为二级建造师认证考试制订一个详细的备考计划。备考计划应包括：①二级建造师考试大纲的详细解析，以及对应学习资料的整理；②针对建筑工程管理与实务、建设工程法规及相关知识、建设工程施工管理等科目的重点知识点讲解；③提供定期的模拟测试和练习题，以及详细的答案解析；④备考策略，如时间管理、重点复习和答题技巧；⑤考前冲刺计划，包括模拟考试和心理调适建议。

3.2　互动式学习

互动式学习通过技术手段增强学习的参与度和效率，使学习过程更加生动有趣。AI在这一领域发挥着重要作用，可以提供个性化的解题答疑、智能化习题生成与解答以及高效的英语单词练习等。

3.2.1　AI助力解题答疑

豆包为用户提供【解题答疑】技能，以帮助用户解决学习和工作中遇到的问题。

场景

李明是一名准备参加公务员考试的考生，在做行测题目时遇到了一道数量关系的选择题。

在豆包中，选择输入框下方的【解题答疑】技能，然后在输入框中输入题目，或者单击【上传题目图片】按钮，将题目以图片形式上传，再单击【发送】按钮⬆️，如下图所示。

提示词

解题答疑　某单位的会议室有5排共40个座位，每排座位数相同。小张和小李随机入座，则他们坐在同一排的概率（　）

A. 不高于15%　B. 高于15%但低于20%　C. 正好为20%　D. 高于20%

🖼️ 上传题目图片

单击 ⬆️

回答

答案

B

解析

分析

这道题考查古典概型概率的计算。古典概型是一种概率模型，在这个模型下，随机试验所有可能的结果是有限的，并且每个结果出现的概率相等。对于本题，我们需要先算出所有可能的入座情况，即总事件数，再算出小张和小李坐在同一排的情况数，最后用坐在同一排的情况数除以总事件数得到概率，再与各选项进行比较。

详解

1. **计算总事件数**
   会议室有40个座位，小张先入座，有40种选择，小李再入座，此时还剩39个座位，所以小李有39种选择。
   根据排列组合的乘法原理，总的入座情况数，也就是总事件数为40×39种。
2. **计算两人坐在同一排的情况数**
   因为会议室有5排共40个座位，且每排座位数相同，那么每排有$40\div 5=8$个座位。
   先确定小张和小李坐在哪一排，有5种选择。
   假设他们坐在某一排，小张在这一排入座有8种选 李在这一排入座就有7种选择。

以上是豆包回答的部分截图，它详细讲解了解题思路，帮助用户更好地理解和解决工作和学习中遇到的难题。

提示词进阶

除了利用豆包的【解题答题】技能，用户还可以通过构建提示词的方式进行解答互动，例如：

请帮我解答以下这道公务员考试中的数量关系题，并给出详细的解题步骤，具体要求如下：①详细解释每个步骤的原理；②提供相关的逻辑推理方法；③给出最终答案，并检查是否正确；④如果有多种解法，请列出所有可能的方法。请确保整个解答既详尽又易于理解。

3.2.2 智能化习题生成与解答

豆包可以根据用户需求快速生成习题并提供解答，满足不同的学习需求。

场景

小樱正在准备项目管理专业人士（PMP）认证考试。他需要大量的模拟练习题来检验自己的学习成果，并希望得到及时的反馈和解答。

提示词

请帮我生成一系列PMP认证考试的模拟练习题，并提供详细的解答和反馈。请确保习题覆盖所有关键领域，并能够帮助我有效备考。

回答

PMP认证考试模拟练习题

一、单项选择题

（一）项目整合管理

1.以下哪个是项目整合管理的主要过程？（　　）

A. 制订项目章程、制订项目管理计划、指导与管理项目工作、监控项目工作、实施整体变更控制、结束项目或阶段

B. 制订项目章程、规划范围管理、收集需求、定义范围、创建WBS

C. 规划进度管理、定义活动、排列活动顺序、估算活动资源、估算活动持续时间、制订进度计划、控制进度

D. 规划成本管理、估算成本、制订预算、控制成本

......

答案：ABCDE

解答与反馈：干系人分析的步骤首先是识别全部潜在干系人及其相关信息，然后识别每个干系人可能产生的影响或提供的支持，评估关键干系人对不同情况可能做出的反应或应对，在此基础上制订干系人管理策略，并定期更新干系人分析以适应项目的变化。所以全选。

豆包智能化习题生成与解答，能够帮助职场人士通过大量练习提高考试通过率，并加深对专业知识的理解。

提示词进阶

在构建提示词时，应注重习题生成的针对性和个性化，明确习题生成的目标和方法。例如：

请帮我生成一系列PMP认证考试的模拟练习题，特别关注项目管理的五大过程组和十大知识领域。对每道练习题，提供详细的解答和相关知识点的解释，以及将这些知识点应用到实际项目管理工作中的方法。根据我的答题情况，提供个性化的学习建议和复习计划，以帮助我更有效地准备考试。

3.2.3　英语单词练习

英语词汇量是提高英语水平的基础。通过豆包辅助单词练习，用户可以在互动中高效记忆单词，提升词汇量。

场景　　刘洋在一个对外贸易公司工作，他需要提高自己的英语水平以便更好地与国际团队沟通。他希望通过日常的英语单词练习来扩展词汇量。

提示词　　你是英语单词练习小助手，专注于帮助用户高效记忆和运用英语单词。请根据中级水平及外贸工作需求，推荐适合的单词列表。

回答

外贸工作中级英语单词列表

一、单词详情

（一）"negotiate"

发音：[nɪˈɡəʊʃieɪt]

词义：动词，意为谈判；协商；洽谈

例句：

1. We are trying to negotiate a better deal with our suppliers.（我们正试图与供应商协商一个更好的交易。）

2. The union will negotiate with the management about the pay raise.（工会将与管理层就加薪问题进行谈判。）

……

4. 货物的装运预计在下周进行。（The shipment of the goods is expected to take place next week.）

5. 我们必须遵守海关规定。（We must comply with the customs regulations.）

通过这样的练习，刘洋可以系统地记忆和复习这些常用的外贸词汇，从而提高英语词汇量。

提示词进阶

在构建提示词时，应注重单词练习的互动性和个性化，明确练习的目标和方法。例如：

请帮我设计一个针对外贸英语的单词练习助手。助手应能够根据我的英语中级水平提供适合的单词列表，并设计包括阅读、写作等在内的多样化练习方式。练习应包括单词的用法、同义词替换和反义词识别等内容，并提供即时反馈和正确答案的解释。我希望能够通过进度跟踪和复习计划有效地记忆和运用新单词。

3.3　学术论文

学术论文是科研成果的重要载体，撰写高质量的学术论文对学者来说至关重要。通过科学的方法和技术，可以有效地提高论文的质量和影响力。本节将介绍如何借助豆包进行学术内容搜索、选题推荐、开题报告撰写、论文创作和质量检查与润色，从而提升学术研究的整体水平。

3.3.1　学术内容搜索

学术内容搜索是研究人员和学生在进行学术研究时获取信息的重要手段。高效的学术搜索能够帮助他们快速定位到高质量的研究资料和文献，从而提高研究效率和质量。

场景　李明是一名研究生，他正在准备自己的毕业论文，主题是关于可持续能源技术的最新进展。他需要通过学术搜索来获取相关的研究论文、报告和数据。

提示词　检索与"可持续能源技术"相关的最新学术论文。

（在豆包中，选择输入框下方的【学术搜索】技能，然后在输入框中输入提示词，单击【发送】按钮⬆️，如下图所示。）

回答

以上是豆包回答的部分截图。【学术搜索】技能可以帮助研究人员快速获取所需的学术资料，为学术研究和论文撰写提供坚实的信息基础。

提示词进阶

在构建提示词时，应进一步细化研究领域相关主题的描述，例如：

查找与"可持续能源技术"相关的学术资料，限定资料来源为特定学科领域的核心期刊以及近5年内发表的文献，同时对资料进行分类整理并标注关键信息。

3.3.2 学术论文选题推荐

学术论文选题推荐是帮助研究人员和学生确定研究方向和论文主题的重要步骤。一个好的选题不仅能激发研究者的兴趣，还能保证研究的创新性和实际价值。

场景

小李正在为毕业论文的选题而苦恼，他希望在AI领域找到一个既有研究价值又符合自己兴趣的研究方向。

提示词

请帮我推荐几个AI领域的学术论文选题。选题应具有创新性、研究价值和可行性。

回答

以下是一些具有创新性、研究价值和可行性的AI领域的学术论文选题：

1. AI在教育领域的创新与实践

• 基于AI的个性化学习系统设计与实现：随着在线教育的发展，个性化学习成为教育领域的重要研究方向。利用AI技术，根据学生的学习特点、兴趣爱好、学习进度等因素，为学生提供个性化的学习方案和学习资源。例如，构建基于深度学习的学生学习模型，根据学生的学习行为数据，为学生推荐适合的学习内容和学习方法。

……

• AI的法律责任界定与归责原则研究：当AI系统出现故障或造成损害时，如何界定AI的法律责任成为一个亟待解决的问题。研究AI的法律责任界定和归责原则，探讨如何建立健全的AI法律体系，保障AI的健康发展和人类的合法权益。例如，研究在自动驾驶汽车发生交通事故时，如何确定相关主体的法律责任。

通过上述提示词，豆包推荐了几个AI领域的学术论文选题。如果对回答不满意，还可以通过深度搜索，寻找更好的选题。

提示词进阶

构建提示词应注意明确研究领域、具体的科研目标以及所需的支持程度（如数据量、预算等）。例如：

请帮我提供一个材料科学领域的科研选题。选题需要包括：①研究背景，介绍选题在新材料开发中的重要性；②研究现状，概述当前材料科学的研究热点；③创新点，指出建议选题的创新性和潜在应用；④可行性分析，评估选题的研究资源需求和实验条件。

3.3.3　辅助开题报告撰写

开题报告是论文写作的初步阶段，它为整个研究项目设定目标和方向。辅助开题报告撰写能够帮助研究人员明确研究问题、研究方法和预期成果，为后续的研究工作打下坚实的基础。

场景

赵敏正在准备一个关于城市可持续发展的研究项目的开题报告。她需要确保报告中包含研究背景、目的、研究问题、文献综述、研究方法和预期成果。

提示词

请帮我撰写一份关于"城市可持续发展的研究项目"的开题报告，包括以下内容：①研究背景和研究问题的定义；②文献综述的概要；③研究方法和数据收集计划；④预期成果和研究意义。请确保报告内容逻辑清晰、论证充分，能够突出研究的创新点和重要性。

回答

城市可持续发展研究项目开题报告

一、研究背景和研究问题的定义

（一）研究背景

随着全球城市化进程的加速，城市成为人类社会经济活动的核心区域。然而，城市的快速发展也带来了一系列严峻的挑战，如资源短缺、环境污染、生态破坏、社会不平等加剧等问题。这些问题不仅威胁着城市居民的生活质量和健康，也对城市的长期可持续发展构成了巨大的压力。

......

总之，本研究对于深入理解城市可持续发展的内涵和规律，推动城市可持续发展的理论和实践创新具有重要的意义。通过综合运用多种研究方法，对城市可持续发展进行全面、系统的研究，有望为解决当前城市发展中面临的可持续性问题提供有益的思路和方法，为实现城市的可持续发展目标做出积极贡献。

通过上述提示词，豆包提供了一份可供参考的开题报告，为用户撰写开题报告提供了清晰的思路，并且帮助用户提升报告的质量，从而为研究工作的顺利开展打下坚实的基础。

提示词进阶

> 在构建提示词时，应注重报告内容的逻辑性和完整性，明确报告的结构和重点。例如：
> 请帮我撰写一个关于"城市可持续发展策略"的研究项目的开题报告。报告应包括城市化进程中面临的环境和社会问题、研究的目的和研究问题、现有文献中的主要观点和研究空白、定性和定量研究方法的具体应用以及通过研究预期能够对政策制定提供的建议。
> 请提供详细的报告大纲和各部分的撰写指导。

3.3.4 分步骤完成论文创作

论文创作是一个复杂而漫长的过程，需要作者具备扎实的学术基础、清晰的逻辑思维和出色的文字表达能力。本小节将介绍如何利用豆包的【帮我写作】-【论文】技能分步骤完成论文创作，从而更加高效地完成论文撰写。

场景　赵易正在撰写一篇关于"城市化进程对社区结构影响"的论文，他想借助豆包的【帮我写作】-【论文】技能，完成论文写作，为自己提供创作思路。

提示词　帮我写一篇《城市化进程对社区结构影响》的论文。

下面通过豆包的【帮我写作】-【论文】技能，执行上述提示词，具体操作如下。

步骤01 选择侧栏中的【帮我写作】选项，在弹出的面板中选择【论文】选项，如右图所示。

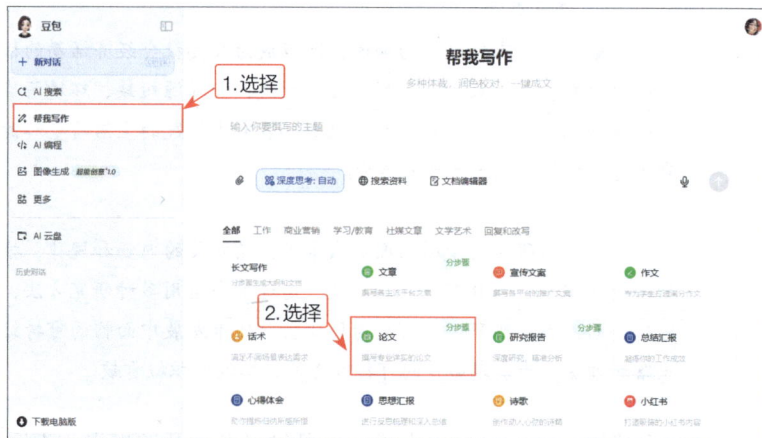

步骤 02 在输入框中输入主题，然后开启【分步骤】功能，单击【发送】按钮↑，如下图所示。

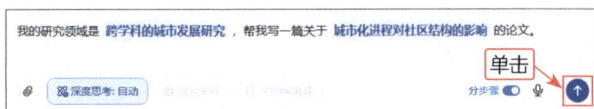

步骤 03 此时，豆包即会根据主题生成大纲，用户可以根据需求调整大纲内容，也可以单击😊按钮进行段落设置，如下图所示。

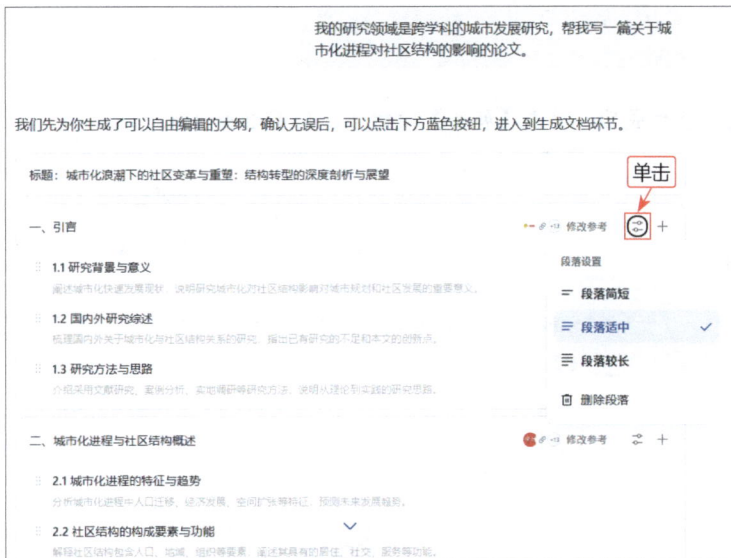

步骤 04 大纲调整后，单击【基于大纲生成文档】按钮，如下图所示。

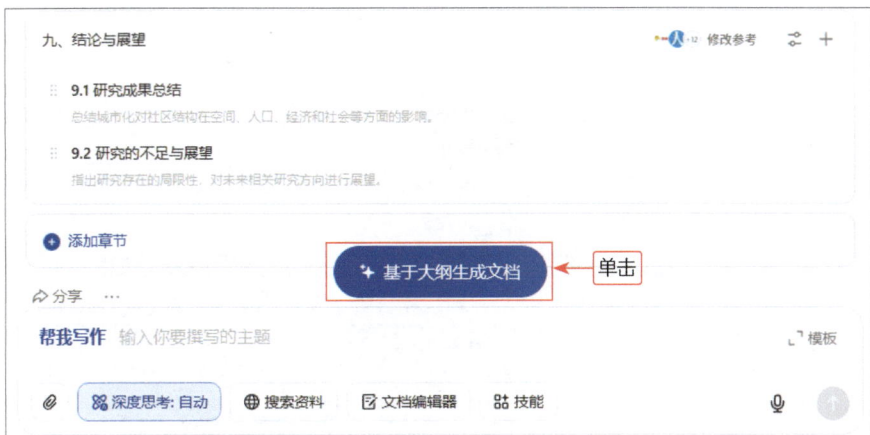

步骤 05 此时，豆包即可开始撰写，论文内容生成时间较长，需要等待，如下图所示。

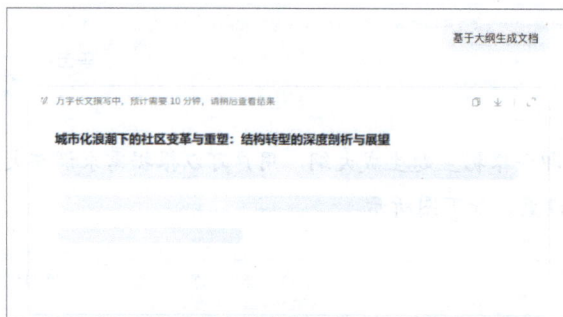

步骤 06 论文内容生成后，单击【展开】按钮，如下图所示。

步骤 07 此时会进入文档编辑器，可对生成的内容进行自由编辑和AI改写，并根据需求下载到计算机中，如下图所示。

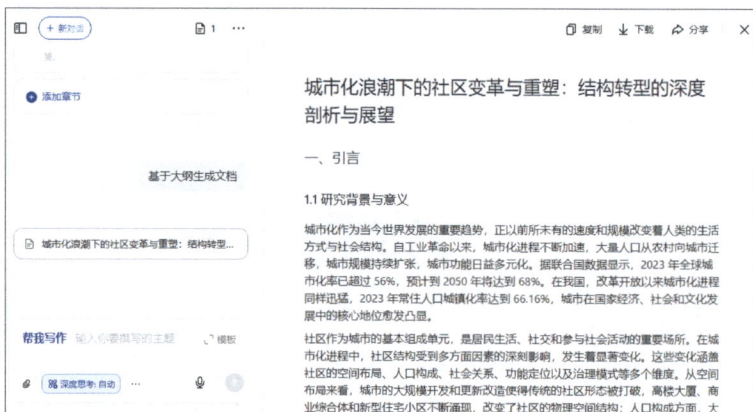

3.3.5　论文质量检查与润色

在论文完成的最后阶段，详尽的检查和校对工作是必不可少的。这一过程涉及语法、拼写、标点以及格式等多个方面的校正，确保论文的专业性和可读性。

场景　陈思的论文初稿已经完成。在提交之前，她需要对论文进行文本质量检查，包括格式、语法、引用准确性和逻辑连贯性，并进行必要的润色。

提示词　请帮我进行论文质量检查与润色，包括以下内容：①校对语法和拼写错误；②核实引用和参考文献的准确性；③提高论文的语言质量和表达的清晰度。

（将论文文档拖曳至输入框后，发送上述提示词）

回答　以下是对该论文的质量检查与润色：

一、语法和拼写错误校对

1.摘要部分

• "The commercial illustration has the rich manifestation and the vector, appeared the plan drawing, the graph, the graph and photographic, the printing picture and so on." 此句语法有误，可改为 "The commercial illustration has rich manifestations such as plan drawings, graphs, photographic images, and printing pictures."

……

• 现代商业插画文化的发展部分

在描述现代商业插画的特点时，"现代商业插画的特点主要通过平面传播与数字媒介传播两种形式出现，一方面是静态展现；另一方面是动态升华。"可改为"现代商业插画的特点主要体现在平面传播与数字媒介传播两种形式上，一方面表现为静态展现，另一方面表现为动态升华。"

通过上述提示词，豆包提供了详细修改建议和格式规范，帮助用户纠正了语法和拼写错误，确保了论文的逻辑性和连贯性。用户根据反馈进行修改之后，建议再对论文进行最终核实和审查，确保无误。

提示词进阶

在进行论文检查和校对时，构建提示词应注意明确论文主题和提交要求，详细描述需要检查和校对的内容及重点，同时可以提供一些个人的写作习惯和常见错误，供豆包参考。例如：

请帮我检查和校对以下论文内容，主题为"AI在医疗领域的应用"。检查和校对需要包括：①语言校正，修正可能的语法和拼写错误；②格式校对，确保符合APA格式要求；③引用核查，检查引用的文献是否最新且相关；④逻辑检查，分析论文的论证逻辑是否严密；⑤专业术语，确保医疗和AI领域的术语使用恰当。请特别注意论文中的数据表述和分析结果的准确性。

3.4 成长规划

成长规划是个人职业生涯发展中不可或缺的一部分，它涉及设定短期目标与长期目标、个人能力提升计划以及创业项目的风险评估等多个方面。通过科学合理地规划，个人可以更好地把握职业发展的方向，有效提升自我，同时减少不必要的风险。

3.4.1 设定短期目标与长期目标

设定短期目标与长期目标是个人成长规划的基础。明确的目标可以帮助个人保持动力，确保每一步都朝着既定的方向前进。本小节将介绍如何借助豆包来设定清晰、可实现的职业目标。

场景　张伟是一名刚步入职场的白领，他希望在5年内晋升为部门经理，并在10年内成为公司的高层管理者。为了实现这一职业愿景，他需要设定一系列短期目标与长期目标来指导自己的成长路径。

提示词　请帮我设定一系列短期目标与长期目标，用于指导我的职业成长，希望在5年内晋升为部门经理，并在10年内成为公司的高层管理者。短期目标（1年内）应包括提升专业技能、拓展人脉关系等；长期目标（5~10年）应涉及职位晋升、行业影响力等方面。请确保目标具体、可衡量、可实现。

回答

职业成长目标规划

一、短期目标（1年内）

（一）提升专业技能

1.目标：熟练掌握项目管理流程和工具，获得项目管理专业人士资格认证。

- 可衡量指标：通过 PMP 考试，取得证书；在实际工作中成功运用项目管理工具完成至少一个小型项目，并获得项目团队成员和上级的好评。
- 行动步骤：报名参加 PMP 培训课程，系统学习项目管理知识体系，包括项目整合管理、范围管理、时间管理、成本管理、质量管理、人力资源管理、沟通管理、风险管理、采购管理等十大知识领域。
- 按照培训课程进度，认真完成课后作业和模拟考试，加强对知识点的理解和记忆。

    ……
- 深入研究行业发展趋势和前沿技术，结合自己的工作实践，开展具有创新性和前瞻性的研究工作，撰写高质量的专业论文并向行业内的权威期刊投稿发表。
- 关注行业标准制订的动态和需求，积极参与行业标准制订的相关工作，通过参与标准制订研讨会、提交标准建议稿等方式，为行业的规范化发展贡献自己的力量，同时提升自己在行业内的权威性和话语权。

通过上述提示词，豆包能够帮助用户设定明确的职业目标和个人发展目标，确保目标具体、可衡量，并提供实现目标的具体步骤。

提示词进阶

在构建提示词时，应明确目标的具体性和可衡量性，提供实现目标的具体步骤和时间表。例如：

请帮我设定一套短期目标与长期目标，目标应覆盖我的职业发展和个人成长。短期目标包括获得中级软件工程师证书、完成两个实际项目开发；长期目标则是在5年内成为高级软件工程师，并在10年内担任技术总监。请确保每个目标都有具体的时间表和实现步骤，如每月学习计划、项目进度安排等。

3.4.2 个人能力提升计划

个人能力提升计划是实现职业目标的关键。一个合理、系统的提升计划能够帮助个人在短时间内迅速提升专业技能和综合素质。

场景

张华是一名市场营销专员，她希望通过系统的学习和实践，提升自己的市场分析能力和团队管理能力，以在未来几年内晋升为市场部经理。

提示词

请帮我制订一份个人能力提升计划，计划应包括提升市场分析能力和团队管理能力的具体措施。请提供每个月的学习任务和实践活动，确保计划具有可操作性和实用性。

回答

个人能力提升计划

一、计划背景

在当今竞争激烈的商业环境中，市场分析能力和团队管理能力对个人职业发展至关重要。为了提升自身综合能力，增强在职场上的竞争力，特制订本个人能力提升计划。

二、提升目标

1.在接下来的[×]个月内，显著提升市场分析能力，能够独立完成高质量的市场分析报告，为决策提供准确、有价值的依据。

2.逐步提高团队管理能力，掌握有效的团队管理方法和技巧，提升团队协作效率和绩效，打造高凝聚力的团队。

......

5.保持积极的学习态度和良好的心态，面对学习和实践过程中遇到的困难和挫折，要坚持不懈，勇于克服。

6.不断拓展学习渠道和资源，除了阅读书籍、参加课程和讲座，还可以通过参加行业会议、与同行交流、在线学习等方式获取更多的知识和信息。

通过上述提示词，豆包为用户制订详细、实用的个人能力提升计划，涵盖具体的学习任务和实践活动，可以根据自己的实际情况进行调整和完善。

提示词进阶

在构建提示词时，应注重提升计划的系统性和实操性，明确提升的目标和方法。例如：

请帮我制订一个专注于提升数据分析能力和演讲技巧的个人能力提升计划。计划应包括对我当前能力的评估，明确提升目标，以及具体的学习方法，如参加在线课程、阅读专业书籍和参与工作坊。同时，提供实践机会的建议，如参与实际的数据分析项目和在团队会议中主动承担演讲任务。请提供一个详细的学习进度计划和效果评估机制，以确保我能够持续跟踪和调整学习计划。

3.4.3 创业项目风险评估

创业项目风险评估是确保项目成功的重要环节。通过对潜在风险的识别和评估，创业者可以采取有效的应对措施，降低项目失败的可能性。

场景

赵雷是一名创业者，他计划启动一个在线教育平台。为了确保项目的顺利推进，他需要进行全面的风险评估，识别可能遇到的问题，并制订相应的应对措施。

提示词

请帮我进行一次创业项目的风险评估，项目是一个在线教育平台。评估应包括市场风险、技术风险、财务风险和运营风险。请提供每个风险的具体表现形式、可能性和影响程度，并提出相应的应对措施。

回答

在线教育平台创业项目风险评估

一、市场风险

（一）具体表现形式

● 市场竞争激烈：在线教育市场已经存在众多的竞争对手，包括大型教育机构、新兴的在线教育平台以及跨界进入的科技公司等。这些竞争对手可能在课程内容、师资力量、品牌知名度、价格等方面具有优势，从而对本平台的市场份额和用户获取造成压力。

● 市场需求变化：教育市场的需求受到多种因素的影响，如政策法规、经济形势、社会文化、技术发展等。如果不能及时准确地把握市场需求的变化趋势，平台提供的课程和服务可能无法满足用户的需求，导致用户流失和市场份额下降。

……

综上所述，在线教育平台创业项目面临着市场风险、技术风险、财务风险和运营风险等多重风险。在项目实施过程中，需要充分认识到这些风险的存在，并采取相应的应对措施，进行有效的风险管理和控制，以降低风险发生的可能性和影响程度，确保项目的顺利实施和成功运营。同时，要不断关注市场变化和技术发展，及时调整项目策略和运营模式，提高项目的竞争力和适应能力，实现可持续发展。

通过上述提示词，豆包能够帮助用户进行全面的创业项目风险评估，识别潜在风险并提出应对措施。这有助于创业者在项目启动前做好充分准备，降低项目失败的可能性，确保项目的顺利推进。

提示词进阶

在构建提示词时，应明确风险评估的具体内容和范围，提供每个风险的具体表现形式、可能性和影响程度。例如：

请帮我进行一次创业项目的风险评估，项目是一个在线教育平台。评估应包括市场风险、技术风险、财务风险和运营风险。具体风险包括市场竞争激烈、技术更新换代快、资金链断裂、运营管理不善等。请提供每个风险的具体表现形式、可能性和影响程度，并提出相应的应对措施，如市场调研、技术研发、资金储备、团队建设等。

3.5 育儿助手

育儿是一个复杂而重要的过程，需要父母投入大量的时间和精力。育儿助手可以利用豆包为家长提供各种帮助，如亲子游戏设计、儿童绘本故事创作和作业批改与讲解等。

3.5.1 亲子游戏设计

亲子游戏设计是增进家长与孩子情感交流的重要方式，同时也是培养孩子各方面能力的有效手段。通过科学合理的游戏设计，家长可以更好地引导孩子在游戏中学习和成长。

场景　　林女士是一位年轻的母亲，她希望与三岁的女儿通过亲子游戏增进感情，同时促进女儿多方面能力的发展。然而，她缺乏游戏设计的经验，不知道该如何下手。

提示词　　请为我设计一系列适合三岁儿童的亲子游戏，要求游戏既有趣又富有教育意义，能够锻炼儿童的动手能力、观察能力和思维能力。同时，请提供游戏的详细玩法和注意事项。

回答　　为三岁儿童设计的亲子游戏应当简单、安全、富有乐趣，同时能够促进他们的多方面发展。以下是几个既有趣又富有教育意义的游戏建议，旨在锻炼儿童的动手能力、观察能力和思维能力。

1.颜色分类游戏

玩法：

● 准备一些彩色的小物件（如彩色珠子、积木块或卡片），以及几个不同颜色的容器。

● 告诉孩子每种颜色的名称，然后示范如何将相同颜色的物品放入对应的容器中。

● 让孩子自己尝试分类，开始时可以先用两种颜色，逐渐增加难度。

……

注意事项：

● 选择内容正面、适合孩子年龄段的绘本。

● 通过提问引导孩子观察和思考，如"你觉得接下来会发生什么？"

● 保持互动和乐趣，让阅读成为一种享受。

通过上述提示词，林女士得到了一系列精心设计的亲子游戏。这些游戏不仅让母女俩在游戏中增进了感情，还有效地促进了女儿多方面能力的发展，为她的成长奠定了良好的基础。

提示词进阶

在构建提示词时，应更加注重游戏的创新性和针对性，同时考虑儿童的年龄特点和兴趣偏好。例如：

请为我设计一系列以自然探索为主题的亲子游戏，适合四至六岁儿童参与。游戏应融合自然知识、动手实践和亲子互动元素，旨在激发儿童对自然的好奇心和探索欲。同时，请提供游戏的详细玩法、所需材料和注意事项，以及如何通过游戏引导儿童进行深度学习的方法。

3.5.2　儿童绘本故事创作

儿童绘本故事是儿童成长过程中的重要伴侣，能够激发儿童的想象力、培养阅读兴趣。通过豆包，我们可以创作出富有创意和教育意义的绘本故事，为儿童的成长增添色彩。

场景

小红是一位幼儿园老师，她想为班上的小朋友创作一些儿童绘本故事，但不知道从何下手。

提示词

请帮我创作一个儿童绘本故事。故事应适合幼儿园小朋友阅读，主题应积极向上，包括故事名称和故事内容，请确保故事既有趣味性又有教育意义。

回答

小蚂蚁的大梦想

在一个美丽的花园里，住着一只小小的蚂蚁，它的名字叫点点。点点和它的伙伴们每天都在花园里忙碌地寻找食物，虽然生活很简单，但点点总是充满了好奇和活力。

……

小朋友们，点点虽然是一只小小的蚂蚁，但它有着大大的梦想，并且为了实现梦想勇敢地去努力。我们也要像点点一样，有自己的梦想，并且不怕困难，坚持不懈地去追求，相信我们一定也能实现自己的梦想哦！

通过上述提示词，豆包能够帮助用户创作一个适合孩子的绘本故事，内容积极向上，富有教育意义。另外，还可以将故事拆分，用豆包为故事生成多幅配图，使故事形式更加丰富。

提示词进阶

在构建提示词时，应注重故事的创意性和教育性，明确故事的主题和目标受众。例如：请帮我创作一个以"勇气与探险"为主题的儿童绘本故事。故事讲述了一个小女孩在森林中迷路，如何通过智慧和勇气找到回家的路。请提供故事的详细情节、主要角色的性格特点和对话内容，以及插图的风格建议，如温馨可爱的画风，以吸引孩子的注意力。

3.5.3 作业的批改与讲解

作业的批改与讲解是帮助孩子巩固知识、提高学习效果的重要环节。通过科学合理的作业批改和讲解，家长可以及时发现孩子的学习问题，提供针对性的辅导。

场景

李女士是一位母亲，她的孩子正在读小学六年级，最近做了一道关于概率和组合的应用题，但孩子做错了。孩子给出的答案是3。李女士希望在孩子完成作业后，能够进行详细的批改和讲解，帮助孩子更好地掌握所学知识。

提示词

请帮我批改和讲解数学作业，目前计算的答案是3，请确认是否正确，并给出解题思路。

作业内容：盒子里有3个红球和2个黄球，至少要摸出( )个球，才能确保摸出两种颜色的球。

回答

答案是4个，不是3个。

解题思路

• 考虑最不利的情况，也就是先把一种颜色的球全部摸完，再摸一个球就一定能保证有两种颜色的球。

• 在这个问题中，最不利的情况是先把3个红球全部摸出，此时再摸1个球，这个球必定是黄球，这样就可以确保摸出两种颜色的球。

• 所以至少要摸出4个球。

通过上述提示词，豆包能够帮助家长批改和讲解孩子的作业，指出错误的地方，提供正确的解题步骤，并解释解题思路。另外，家长还可以进行延伸提问，例如提供一些类似的练习题，以帮助孩子巩固这个概念，并强调逻辑推理的重要性。

提示词进阶

在构建提示词时，应详细描述题目的内容和学生的错误答案，同时明确期望的讲解方式和深度，以便豆包能够生成更具针对性的批改和讲解内容。例如：

请帮我详细批改并深度讲解以下概率问题的作业。题目："盒子里有3个红球和2个黄球，至少要摸出多少个球，才能确保摸出两种颜色的球？"答案是3。请在批改中指出理解误区，并通过清晰的逻辑推理、详细的解释和具体的例子，以便我深刻理解并掌握这一概率问题的核心知识点。

3.6 心理健康

心理健康是个人整体健康的重要组成部分，它影响人们的生活质量、工作效率和人际关系。通过科学的方法和技术，我们可以更好地管理情绪、缓解压力，提升心理韧性。

3.6.1 寻找缓解焦虑的技巧

焦虑是一种常见的情绪反应，适度的焦虑可以激励人们采取行动，但过度的焦虑则会影响生活质量。

场景

小莹是一名职场白领，最近由于工作压力大，经常感到焦虑不安，她希望能够学习一些缓解焦虑的方法，帮助自己更好地应对压力。

提示词

请帮我提供几种有效的焦虑缓解技巧，包括呼吸练习、放松训练和正念冥想等。请详细说明每种技巧的操作步骤和注意事项，以及如何在日常生活中应用这些技巧。

回答

以下是几种有效的焦虑缓解技巧：
一、呼吸练习
1.腹式呼吸法
（1）操作步骤
● 找一个舒适的位置坐下或躺下，闭上眼睛，将一只手放在胸部，另一只手放在腹部。

> ● 用鼻子慢慢吸气，让空气充满腹部，感觉腹部像气球一样慢慢膨胀，此时放在腹部的手应该会随之升起，而放在胸部的手尽量保持不动。
>
> ……
>
> 2.在日常生活中的应用
>
> ● 在日常的碎片化时间，比如在等公交、地铁或者排队的时候，都可以进行简短的正念呼吸冥想，让自己在忙碌的生活中找到片刻的宁静，减少焦虑情绪的积累。

通过上述提示词，豆包能够帮助用户掌握多种有效的焦虑缓解技巧，包括呼吸练习、放松训练和正念冥想等。

💡 **提示词进阶**

> 在构建提示词时，应注重技巧的实用性和适应性，明确技巧的具体应用场景和效果。例如：
>
> 请帮我提供一些适合忙碌职场人士的焦虑缓解技巧。例如，可以是在通勤途中进行的简短呼吸练习，或是在工作间隙进行的快速冥想。同时，提供一些时间管理的实用技巧，如使用番茄工作法来提高工作效率，以及如何通过正念练习来减少工作相关的焦虑。请提供具体的练习步骤和建议，以便用户能够快速上手并融入日常。

3.6.2 AI评估心理健康状况

心理健康状况的评估对于及时发现和处理心理问题至关重要。通过豆包，我们可以实现智能化的心理健康评估，帮助个体及时了解自己的心理健康状况，并采取相应的干预措施。

场景　李明是一名大学生，最近感觉心情低落，睡眠质量差，他希望通过科学的方法评估自己的心理健康状况，了解是否存在心理问题，并获得相应的建议。

提示词　请帮我评估我的心理健康状况，包括情绪状态、睡眠质量、压力水平等方面。请提供一份问卷，包括相关问题和评分标准，并根据评估结果提供个性化的建议和支持。

回答
心理健康状况评估问卷

一、情绪状态

1.你最近一周内感到情绪低落或沮丧的频率是多少？

A.几乎每天（4分）

> B.经常（3分）
>
> C.偶尔（2分）
>
> D.很少（1分）
>
> ……
>
> ● 暂时避免或减少可能增加压力的活动或情境，给自己足够的时间和空间来恢复和调整。
>
> ● 参加支持小组或与有类似经历的人交流，分享经验和心得，获得情感上的支持和鼓励。同时，也可以从他人那里学到一些应对压力和心理问题的方法和技巧。

通过上述提示词，豆包能够帮助用户评估心理健康状况，包括情绪状态、睡眠质量、压力水平等方面。

提示词进阶

在构建提示词时，应明确评估的具体内容和评分标准，提供个性化的建议和支持。例如：

请帮我评估我的心理健康状况，包括情绪状态、睡眠质量、压力水平等方面。请提供一份问卷，包括相关问题和评分标准，如情绪状态评估包括"最近一周感到悲伤或绝望的频率""最近一周感到快乐的频率"等。根据评估结果提供个性化的建议和支持，如建议进行心理咨询、增加户外活动、调整作息时间等。

第 4 章

生活助手：豆包日常小秘书

　　生活节奏加快，如何高效解决日常琐事、提升生活品质成为现代人的共同需求。豆包作为智能生活助手，能帮助您轻松应对旅行、美食、健康、购物、理财等场景中的各类问题。本章将通过一系列实战案例，展示如何利用豆包规划个性化旅行路线、推荐健康菜谱、定制健身计划、优化穿搭选择，甚至科学管理财务。无论是家庭出行、饮食搭配，还是运动康复、消费决策，豆包都能提供精准建议，让日常生活更便捷、更高效。

4.1 旅行计划

旅行计划是确保旅行体验愉悦和充实的重要环节。通过科学合理地规划，旅行者可以更好地安排行程，发现独特的景点，享受美好的时光。

4.1.1 实战：规划小众景点路线

规划小众景点路线是避免旅游高峰期拥挤、享受独特风景的好方法。通过精心挑选和合理安排，旅行者可以发现那些不为人知的美丽景点。

场景　张先生是一名旅游爱好者，他计划今年国庆假期去杭州旅行，希望避开热门景点，发现一些小众而美丽的景点。

提示词　请帮我规划一条在杭州探索小众景点的3天路线，包括每天的行程安排（景点名称、开放时间、预计游览时间）、交通方式（如何在景点之间转换）、住宿建议（推荐的住宿区域及理由）。

回答　以下是一份杭州小众景点的3天游玩路线规划：

1.第一天：探寻古典园林与历史遗迹

（1）上午

景点：郭庄园林

- 开放时间：8:00—17:00
- 预计游览时间：1.5小时
- 简介：位于西湖西岸的杨公堤，是一座小巧的江南古典园林，借西湖外景，别具风采，园内建筑雅洁有致、构思精巧。
- 交通方式：可选择打车或乘坐公交前往，若住宿在吴山广场附近，公交较为方便。

……

理由：西湖西线周边的景点一般游客少，都是本地人游玩的秘密基地，环境优美、人少安静。如果是慢节奏游玩，住在这里可以更好地欣赏风景，感受西湖的宁静之美。附近有乌龟潭、茅家埠、太子湾公园等小众景点，步行即可到达，游玩方便。

通过上述提示词，豆包规划了一条小众景点路线，并包含行程安排、交通方式和住宿建议。

提示词进阶

在构建提示词时，应更详细地描述个人喜好和特殊需求，例如：

请帮我规划一条在杭州探索小众景点的3天路线。我喜欢自然风光和历史文化遗迹，不喜欢人多嘈杂的地方。旅行计划包括每天的行程安排（景点名称、开放时间、预计游览时间）、交通方式（如何在景点之间转换）、住宿建议（推荐的住宿区域及理由）。

4.1.2 实战：制订亲子旅行专属计划

亲子旅行专属计划需考虑家庭旅行的特殊需求，包括儿童的活动和安全。一个好的亲子旅行计划能够确保旅行既有趣又充实且有意义。

场景

李女士是一位母亲，她计划带孩子去上海旅行，希望制订一份适合家庭的亲子旅行计划，包括适合孩子的景点、活动和餐饮建议。

提示词

请帮我制订一份上海的亲子旅行计划，计划应包括适合孩子的景点、活动和餐饮建议。请提供每个景点的名称、简介、开放时间和交通方式，以及推荐的亲子活动和餐饮地点。

回答

以下是一个上海的亲子旅行计划：

1.第一天：上海迪士尼乐园

● 景点简介：上海迪士尼乐园是一个由六大主题园区组成的主题乐园，包括"米奇大街""奇想花园""探险岛""明日世界""宝藏湾"及拥有奇幻童话城堡的"梦幻世界"。这里有各种精彩的游乐项目、精彩的演出以及可爱的迪士尼卡通人物，非常适合亲子游玩。

● 开放时间：通常是 08:30—21:30，具体开放时间会根据季节和特殊活动有所变化，建议提前在官方网站或官方 App 上查询确认。

……

● 亲子活动：

○ 沿着外滩漫步，欣赏黄浦江两岸的风景和历史建筑，给孩子讲解建筑的风格和历史故事。

○ 乘坐外滩的观光巴士，换个角度欣赏外滩的美景。

● 餐饮地点：外滩附近有很多餐厅和咖啡馆，可以品尝上海的特色美食，比如生煎包、小笼包等。也可以前往南京路步行街，那里有各种餐饮选择。

通过上述提示词，豆包能够帮助用户制订一份上海的亲子旅行计划，包括适合孩子的景点、活动和餐饮建议。

提示词进阶

在构建提示词时，应明确景点和活动的选择标准，提供详细的建议。例如：

请帮我制订一份上海的亲子旅行计划，计划应包括适合孩子的景点、活动和餐饮建议。具体要求如下：①选择适合孩子的景点；②景点简介，提供每个景点的简介，包括特色和亮点；③开放时间和交通方式，提供每个景点的开放时间和交通方式；④亲子活动，推荐适合家庭的亲子活动，如亲子手工制作、亲子运动等；⑤餐饮建议，推荐适合家庭的餐饮地点，如上海外滩的亲子餐厅、迪士尼乐园内的主题餐厅等。

4.1.3　实战：生成朋友圈旅行文案

在旅行结束后，分享朋友圈成为许多人记录旅行点滴的方式。本小节将探讨如何利用豆包来生成有趣且富有感染力的朋友圈旅行文案。

场景

王芳刚刚结束了一次难忘的旅行。她希望将这次旅行的美好瞬间分享给朋友圈的朋友们，但苦于文案创作。

提示词

请帮我生成一条朋友圈旅行文案，包括以下内容：①反映旅行的主题和感受；②包含旅行中的精彩瞬间和亮点；③用词富有感染力，能够引起共鸣。请确保文案适合社交媒体分享，能够引起朋友的兴趣。

回答

桂林之旅超赞！漓江山水似画，阳朔风情迷人。骑行于山水间，赏如画美景，感淳朴民风。身心放松，愉悦满溢，桂林真乃人间仙境。#桂林 #旅行

4.2　美食探索

美食探索是提升生活品质和满足味蕾的重要途径。通过科学合理地探索和规划，美食爱好者可以发现新的美味，制订健康的饮食计划，甚至制作适合特定场合的美食。

4.2.1 实战：根据食材推荐菜谱

根据现有食材推荐菜谱是一种实用的生活技能，它可以帮助人们充分利用手头上的食材，减少浪费，同时尝试新的烹饪创意。

场景
> 小王家里有土豆、胡萝卜和洋葱，他想知道能做些什么菜。

提示词
> 请根据土豆、胡萝卜和洋葱这三种食材推荐一些菜谱。菜谱应包括菜名、所需材料（除了已有的三种食材，还需注明其他材料）、制作步骤、烹饪时间和预计口味。

回答
> 以下是几种用土豆、胡萝卜和洋葱制作的菜谱：
>
> **一、土豆胡萝卜洋葱炒肉**
>
> 所需材料：土豆1个、胡萝卜1根、洋葱半个、猪肉100克、大蒜2瓣、生姜1块、生抽2勺、料酒1勺、盐适量、食用油适量、淀粉少许。
>
> 制作步骤：
>
> ● 土豆、胡萝卜去皮切丁，洋葱切块，猪肉切丁，放入碗中，加入少许淀粉、料酒和生抽，搅拌均匀腌制一会儿。大蒜切末，生姜切丝。
>
> ● 锅中倒入适量食用油，油热后放入蒜末和姜丝爆香。
>
> ……
>
> 预计口味：外酥里嫩，带有橄榄油的清香和香料的独特风味，三种食材烤后的口感丰富，既有土豆的绵软、胡萝卜的清甜，又有洋葱的焦香。

通过上述提示词，我们可知根据食材推荐菜谱要明确菜名、所需材料、制作步骤、烹饪时间和预计口味。

提示词进阶

在构建提示词时，应注重菜谱的实用性和创新性，明确食材的特点和烹饪偏好。例如：
请帮我根据鸡胸肉、西兰花和胡萝卜推荐一些创新菜谱。我想要一些简单快捷的晚餐，适合工作日的晚上制作。请提供详细的烹饪步骤，包括如何腌制鸡胸肉以增加风味，以及如何将西兰花和胡萝卜烹饪得既营养又美味。同时，如果可能的话，提供一些配菜或酱汁的建议，以增加整道菜的口感和风味。

4.2.2　实战：制订健康饮食计划

健康饮食计划对维持良好的身体状况和预防疾病至关重要。一个科学合理的饮食计划可以帮助人们达到健康目标，如减肥、增肌或改善身体状况。

场景

李强是一位办公室职员，他希望改善自己的饮食习惯，增加蔬菜和水果的摄入，减少糖分和油脂的摄入。他需要一个健康的饮食计划来指导自己的日常饮食。

提示词

请帮我制订一个健康饮食计划，包括以下内容：①每日所需的热量和营养分配；②一日三餐的食物选择和搭配建议；③健康零食和饮料的推荐。请确保饮食计划符合营养学原则，易于长期坚持。

回答

以下是一个健康饮食计划：

一、每日所需热量和营养分配

热量需求因人而异，取决于年龄、性别、身体活动水平等因素。以下是一个中等活动量成年人的大致热量和营养分配参考：

- 热量：1800千卡~2200千卡。
- 碳水化合物：占总热量的50%~65%，225~357克。选择复杂碳水化合物为主，如全谷物、豆类、薯类等。

……

- 低脂牛奶或植物奶（如杏仁奶、燕麦奶等）：提供蛋白质、钙和其他营养成分。如果选择植物奶，要注意查看营养标签，选择添加了钙和维生素D的产品。
- 自制果蔬汁（适量）：如胡萝卜汁、芹菜汁、苹果汁等。但要注意不要过滤，保留膳食纤维，同时由于果汁含糖量较高，不要过量饮用。

通过制订健康饮食计划，预计能够帮助人们形成健康的饮食习惯，提高生活质量，达到健康目标。

提示词进阶

在构建提示词时，应注重饮食计划的科学性和个性化，明确个人的健康目标和饮食偏好。例如：

请帮我制订一个针对减肥和提高能量水平的健康饮食计划。我希望增加蛋白质的摄入，减少碳水化合物和糖分的摄入。请提供每日所需的热量和营养分配，以及一日三餐的具体食物选择和搭配建议。同时，推荐一些健康的零食和饮料，以替代不健康的选择。请确保饮食计划适合我的生活节奏，易于准备和坚持。

4.2.3　实战：制作适合加班族的快手美食

对于经常加班的职场人士来说，快速、方便且营养的美食是保持精力和工作效率的关键。快手美食不仅节省时间，还能提供必要的营养。

场景　　王华经常加班到很晚，希望找到一些简单快速的美食，能够在短时间内制作出来，满足饥饿时的需求。

提示词　　请帮我推荐几道适合加班族的快手美食，要求制作时间不超过30分钟。请提供每道菜的名称、所需材料、制作步骤和营养成分。

回答　　以下是一个健康饮食计划：

一、每日所需热量和营养分配

热量需求因人而异，取决于年龄、性别、身体活动水平等因素。以下是一个中等活动量成年人的大致热量和营养分配参考。

热量：1800千卡～2200千卡。

碳水化合物：占总热量的50%～65%，225～357克。选择复杂碳水化合物为主，如全谷物、豆类、薯类等。

……

● 蛋白质：火腿和鸡蛋含有蛋白质，火腿10～12克，鸡蛋7～8克，有助于维持身体正常代谢。

● 维生素：土豆含有维生素C、维生素B6等，葱花含有维生素A和维生素C。

● 矿物质：含有钾、钠、铁等矿物质，土豆是钾的良好来源。

通过制作适合加班族的快手美食，在忙碌的工作日中也能享受到健康、美味的餐食，保持身体健康和工作效率。

提示词进阶

在构建提示词时，应注重美食制作的便捷性和营养性，明确加班族的时间限制和营养需求。例如：

请帮我提供一些适合加班族的快手美食制作方法，特别是适合在30分钟内完成的菜谱。我希望这些美食能够使用常见的食材，并且不需要复杂的烹饪技巧。请提供具体的烹饪步骤，包括如何快速准备食材和使用厨房电器，如微波炉或电饭煲。同时，确保这些美食能够提供足够的蛋白质和蔬菜，以满足身体营养需求。

4.3 运动健康

运动健康是现代生活中不可或缺的一部分，通过科学合理的运动计划和方法，人们可以保持身体健康、提高免疫力、缓解压力。

4.3.1 实战：AI健身教练，定制个人训练计划

随着健康意识的提升，越来越多的人开始注重运动健身。然而，如何制订一份适合自己的训练计划却成了许多人的难题。本小节将介绍如何利用豆包来定制个人的训练计划，帮助用户实现健身目标。

场景　　李华是一位办公室职员，他希望开始健身以增强体力和减轻工作压力。他需要一个根据他当前的体能水平和健身目标定制的训练计划。

提示词　　作为一名健身教练，请帮我定制一个个人训练计划，包括以下内容：①评估个人的体能水平和健康状况；②根据个人的健身目标，制订合适的训练项目和强度；③提供训练周期和进度跟踪的建议。请确保训练计划科学合理，适合个人情况，易于执行。

回答　　以下是一份为一位希望增强肌肉力量和耐力的健身新手定制的训练计划。

一、体能水平和健康状况评估

1.健康问卷

- 了解是否有任何过往或当前的疾病，如心脏病、高血压、糖尿病、关节问题等。
- 询问近期是否有手术、受伤或其他影响运动能力的情况。

……

- 每月评估：每月进行一次体能测试，如再次进行台阶测试、俯卧撑、仰卧起坐和深蹲测试等，与初始数据对比，评估训练效果。如果某个训练动作连续两周没有进步，可以考虑调整训练强度或方法。
- 身体反馈：注意身体的反应，如是否有过度疲劳、疼痛或受伤等情况。如果出现异常，应及时调整训练计划或寻求专业帮助。

请注意，这只是一个基础的训练计划，在开始训练前，建议你咨询医生的意见，确保训练对你是安全的。同时，训练过程中要保持良好的饮食习惯，保证充足的睡眠，以促进身体的恢复和肌肉的生长。

通过上述提示词，豆包能够帮助用户制订一个适合上班族的个人训练计划，包括有氧运动、力量训练和伸展放松。

提示词进阶

在构建提示词时，应注重训练计划的个性化和实用性，明确个人的健身需求和偏好。例如：

请帮我制订一个以增肌和提高心肺功能为目标的个人训练计划。我目前每周可以安排3~4次健身，每次大约1小时。请根据我的情况，提供具体的训练项目建议，包括力量训练和有氧运动的组合，以及饮食建议。同时，提供训练周期的规划和如何根据进度调整训练计划的指导。

4.3.2 实战：缓解久坐办公疲劳的运动方法

久坐办公是现代职场常见的问题，长时间坐着容易导致身体疲劳和不适。通过科学合理的运动方法，可以有效缓解久坐带来的疲劳，提高工作效率。

场景

张丽是一位平面设计师，她每天需要长时间坐在计算机前工作。她经常感到颈部和腰部酸痛，需要通过一些运动来缓解久坐带来的身体不适。

提示词

请帮我提供一些缓解久坐办公疲劳的运动方法，包括以下内容：①适合在办公室进行的简短运动；②有助于缓解颈部、肩部和腰部紧张的运动；③提供运动的频率和持续时间建议。请确保这些运动方法简单易行，不会影响正常的工作。

回答

以下是一些缓解久坐办公疲劳的运动方法。

一、适合在办公室进行的简短运动

1.椅子深蹲

● 动作要领：坐在椅子边缘，双脚与肩同宽，脚尖微微向外。起身时，重心移到双脚，臀部离开椅子，像做深蹲一样慢慢下蹲，蹲到大腿与地面平行后再站起，重复进行。

● 作用：主要锻炼大腿和臀部肌肉，帮助激活下肢肌肉，促进血液循环，减轻久坐对下肢的压力。

……

这些运动简单易行，在办公室里就可以完成，而且不会影响正常的工作。适当地进行这些运动，可以有效缓解久坐办公带来的身体疲劳，提高工作效率，同时也有助于保持身体健康。

通过上述提示词，豆包能够帮助用户推荐一些缓解久坐办公疲劳的运动方法，要求简单易行，可以在工作间隙进行。提供每个动作的具体步骤、注意事项和预期效果，有助于用户在工作间隙进行简单的运动，缓解疲劳，提高工作效率。

提示词进阶

在构建提示词时，应注重运动方法的简便性和适用性，明确缓解疲劳的目标和效果。例如：

请帮我提供一些适合在办公室进行的缓解久坐疲劳的运动。这些运动应该可以在5~10分钟内完成，不需要任何特别的器械。请提供一些拉伸颈部、肩部和腰部的运动，以及简单的站立和走动建议。同时，提供如何将这些运动融入日常工作的指导，例如每小时站起来走动一下，或者在午餐后进行简短的拉伸。

4.3.3 实战：运动损伤预防与康复指导

运动损伤预防和康复是保持运动健康的重要组成部分。正确的预防措施可以减少运动中的受伤风险，而有效的康复指导有助于受伤后快速恢复。

场景

小李是一名运动爱好者，经常参加各种体育活动，他担心自己会出现运动损伤，希望得到预防和康复的指导。

提示词

请帮我提供运动损伤预防与康复指导。预防指导应包括运动前的热身、运动中的注意事项、运动后的拉伸等方面；康复指导应包括针对常见运动损伤（如肌肉拉伤、关节扭伤等）的处理方法、康复时间、康复训练等方面。

回答

运动损伤预防指导

一、运动前热身

1.全身动态热身（5~10分钟）

●慢跑或开合跳：以轻松的节奏进行3~5分钟，使身体微微发热，心率有所提升。例如，慢跑可以在原地小碎步跑或者在安全的场地内绕圈慢跑；开合跳则保持动作规范，双手在头顶击掌，双脚向外跳开再并拢。

●关节活动：首先转动手腕和脚踝关节，每个方向转动5~10圈；随后进行膝关节屈伸运动、髋关节环绕运动，每个动作重复10~15次；接着活动腰部，做顺时针和逆时针的扭转运动；最后进行颈部的前屈、后伸、侧屈和旋转运动，充分活动全身关节，为后续运动做好准备。

......

● 中期（损伤后2~4周）：可以在不负重的情况下进行膝关节的屈伸活动，如坐在床边，让小腿自然下垂，然后缓慢地抬起和放下小腿，逐渐增加活动范围。同时，可以使用康复器械进行一些辅助训练，如膝关节屈伸训练器，调整合适的阻力，进行训练。

● 后期（损伤后4周以后）：开始增加负重训练，如从半蹲训练逐渐过渡到全蹲训练，同时可以进行一些平衡和本体感觉训练，如单腿站立等，以增强膝关节的稳定性和功能。在康复训练过程中，要密切关注关节的反应，如果出现疼痛、肿胀加剧等情况，应及时调整训练计划。

通过上述提示词，豆包能够帮助用户提供一些运动损伤预防和康复的建议，包括热身、注意事项、拉伸、处理方法、康复时间和康复训练等。

提示词进阶

在构建提示词时，应注重指导内容的科学性和实用性，明确预防和康复的目标。例如：请帮我提供针对跑步运动的损伤预防与康复指导，包括如何预防膝关节和踝关节损伤，以及在出现轻微扭伤后的处理方法。提供详细的急救措施，如冰敷和压迫包扎，以及康复期间的拉伸和加强训练计划。请提供具体的训练动作和频率建议，以帮助我安全地恢复跑步训练。

4.3.4 实战：根据症状进行初步健康诊断

根据症状进行初步健康诊断可以帮助个人了解自己的健康状况，并在必要时寻求专业医疗帮助。这种自我评估是健康管理的重要步骤。

场景　李明最近经常感到头晕和乏力，他希望根据这些症状进行初步健康诊断，了解可能的原因，并得到一些建议。

提示词　请帮我根据头晕和乏力的症状进行初步健康诊断，提供可能的原因和建议。请包括常见病因、进一步检查的建议和生活方式的调整。

回答

一、常见病因

（一）生理性因素

1.睡眠不足或质量差

现代人生活节奏快，长期熬夜或睡眠环境不佳等情况较为常见。睡眠不足会使身体和大脑得不到充分的休息，大脑供血相对不足，从而引起头晕和乏力。一般表现为起床后或长时间工作后头晕、四肢无力，精神状态不佳。

......

如果头晕和乏力症状持续不缓解或加重，如伴有头痛、呕吐、视力模糊、肢体麻木或活动障碍等症状，应及时就医，进行进一步的检查和治疗。

通过使用豆包，可以根据症状进行初步健康诊断。在实际应用中，通过诊断可以有个初步判断，对自己的情况有个了解。如果想准确诊断，还需及时就诊。

提示词进阶

在构建提示词时，应尽可能详细地描述症状的具体表现、出现的时间和频率、是否伴有其他症状等信息。例如：

我在跑步后经常出现膝盖疼痛，疼痛程度为中度，休息后会有所缓解。这种症状已经持续了一周左右，没有其他明显的伴随症状。请根据这些信息进行初步健康诊断，分析可能的原因并提供建议及处理方法。

4.3.5　实战：帮用户看懂医院检验单

豆包可以帮助用户解读医院检验单上的各项指标，提供详细的解释和建议，确保用户能够全面了解自己的健康状况。

场景

小李拿到了自己的血常规检查报告，但对其中的一些指标不太理解。他不知道这些指标代表什么意思，也不清楚自己的健康状况是否良好。

提示词

请解读图片中这份检验单，解释各项指标的含义，并分析我的健康状况。请确保解释清晰、准确，提供专业的健康指导。

（将体检单文件拖曳至豆包的输入框中，待其上传成功，输入下方提示词）

回答

这是一份血常规检查报告，涵盖白细胞、红细胞、血红蛋白等关键指标。

1.白细胞总数（WBC）：11.11×10^9/L，正常范围为（$3.5 \sim 9.5$）$\times 10^9$/L。您的白细胞总数偏高，这可能表明有感染或炎症的存在。

……

健康指导：

根据血常规结果，您可能存在轻度贫血和可能的细菌感染。建议您咨询医生进行进一步的诊断和治疗。医生可能会建议补充铁剂或其他营养素来改善贫血状况，并根据具体情况决定是否需要抗生素治疗。同时，保持均衡饮食和良好的生活习惯对健康非常重要。

通过使用上述提示词，豆包解读检验单，并提供健康建议。请注意，豆包仅是一个AI模型，提供的建议可以作为参考，具体的建议请咨询医生。

提示词进阶

构建提示词应注意提供体检单的具体内容和个人关注的健康问题，详细描述想要了解的指标和数据，同时可以提供一些个人的生活习惯和健康目标。例如：

请解读我的血脂检查结果。体检单解读需要包括：①指标解释，解释血脂检查中的总胆固醇、甘油三酯等指标的含义；②正常范围，提供这些指标的正常数值范围；③结果分析，根据我的血脂检查结果提供分析；④饮食和运动建议，给出降低血脂的饮食和运动建议。

4.4　购物时尚

在时尚领域，每个人都有自己的独特风格。然而，如何准确找到自己的风格，并据此进行穿搭，却是许多人面临的难题。

4.4.1　实战：提供个性化穿搭建议

风格诊断与个性化穿搭建议是帮助个人找到适合自己的穿衣风格，提升整体形象的重要手段。通过科学合理地诊断和建议，用户可以更好地展现自己的个性和魅力。

场景

　　小李是一位年轻的上班族，她对自己的穿搭风格感到迷茫，希望得到一些关于风格诊断和个性化穿搭的建议。

提示词

　　请基于我的个人信息，提供个性化的穿搭建议。个人情况：年龄：25岁；身高：165cm；体重：55kg；个人喜好：简约风格。

　　请确保建议既符合上述要求，又能体现个人特色和风格。同时，请考虑时尚趋势和实用性，确保建议既时尚又实用。

回答

　　一、日常出行穿搭

　　（一）上衣

　　1.基础款纯色T恤：选择白色、黑色、灰色等简约颜色的T恤，材质可以是棉质，穿着舒适透气。这种T恤是简约风的必备单品，无论是搭配牛仔裤还是休闲裤都很合适。例如，一件白色纯棉T恤，简约的圆领设计，没有过多的图案和装饰，展现出干净利落的感觉。

　　2.简约衬衫：可以是淡蓝色的牛仔衬衫，经典又时尚；或者是白色的亚麻衬衫，给人一种清爽的感觉。亚麻材质的衬衫带有自然的纹理，更显质感。穿着时可以将领口微微敞开，袖口卷起，营造出随性又时尚的穿搭风格。

　　……

　　（五）配饰

　　1.个性项链：在休闲聚会场合，可以佩戴一条个性化的项链来增加亮点。可以是简约的金属项链，如细链条的锁骨链，或者是有特色吊坠的项链，如几何形状的吊坠等。项链的颜色可以与服装相搭配，起到点缀的作用。

　　2.手拿包：手拿包是休闲聚会穿搭中很时尚的配饰。可以选择小巧精致的手拿包，颜色可以是亮色或者带有一些时尚图案。手拿包的材质可以是皮革、绸缎等，根据聚会的场合和风格来选择。

　　通过上述提示词，豆包能够帮助用户进行风格诊断，并提供个性化的穿搭建议，包括适合用户的服装风格、颜色搭配和具体单品推荐，有助于用户提升职场形象，展现个人魅力。

提示词进阶

　　在构建提示词时，可以进一步强调个人风格和特定场合的穿搭需求，以获得更加贴合用户需求的穿搭建议。例如：

请为我提供一份针对商务场合的个性化穿搭建议。我希望展现出专业、干练的形象，同时不失时尚感。请考虑我的中等身材特点、小麦肤色以及休闲风格穿搭习惯，为我打造一份专属的商务穿搭方案。

4.4.2 实战：提供换季衣物整理技巧

随着季节的更替，我们需要对衣物进行整理，以便更好地适应新的季节。然而，如何高效地整理换季衣物，却是许多人感到困扰的问题。本小节将介绍如何利用豆包来获取换季衣物整理技巧，帮助用户轻松应对季节变化。

场景　　小张是一位上班族，随着夏季的到来，他需要整理自己的衣物，将冬季的厚重衣物收纳起来，并找出夏季的轻薄衣物。然而，他对于如何高效整理衣物并不擅长，希望找到一些实用的整理技巧。

提示词　　请提供换季衣物整理技巧。需包括：①如何分类整理不同季节的衣物；②如何高效收纳冬季厚重衣物，以节省空间；③如何防潮防虫，保护衣物免受损害；④如何快速找出并搭配夏季轻薄衣物。请确保技巧实用、易操作且适合家庭使用。

回答　　以下是一些换季衣物整理技巧：

一、分类整理不同季节的衣物

1.按季节划分

准备几个大型的收纳箱或收纳袋，分别贴上"春季""夏季""秋季""冬季"的标签。在换季时，将当季不穿的衣物分类放入对应的收纳容器中。例如，把羽绒服、厚毛衣、加绒裤子等冬季衣物放入"冬季"收纳箱，把T恤、短裤、短裙等夏季衣物放入"夏季"收纳箱。

……

3.利用照片或清单辅助

对于衣物较多的人，可以拍一些夏季衣物搭配的照片，打印出来后贴在衣柜内侧或者放在一个小相册里，旁边标注好衣物所在的位置。或者制作一个简单的衣物搭配清单，列出上衣、裤子、配饰等的搭配方案，这样在找衣服时可以参考清单，快速搭配出心仪的造型。

通过上述提示词，豆包能够帮助用户提供换季衣物整理技巧，包括如何分类、收纳和保养衣物。

提示词进阶

在构建提示词时，可以进一步强调特定季节的衣物整理需求或特定存储空间的优化利用，以获得更有针对性的整理建议。例如：

请为我提供针对夏季衣物整理的详细技巧。我希望了解如何高效收纳冬季的厚重衣物，以便为夏季衣物腾出更多空间。同时，请提供一些防潮防虫的小妙招，确保我的衣物在存储过程中不受损害。最后，请分享一些快速搭配夏季衣物的技巧，让我能够轻松应对夏日的各种场合。

4.4.3 实战：挑选高性价比电子产品

电子产品种类繁多，价格各异，如何挑选到高性价比的产品是消费者普遍关心的问题。

场景

小李打算购买一台新的笔记本计算机，用于日常办公和娱乐。他希望找到一台性能稳定、价格合理且性价比高的笔记本。然而，面对市场上众多的品牌和型号，他感到无所适从。

提示词

请帮我挑选一台高性价比的笔记本计算机。需求包括：①主要用途为日常办公和娱乐；②性能稳定，运行速度快；③价格合理，性价比高；④品牌信誉好，售后服务有保障。请提供几款符合要求的笔记本型号及其优缺点分析。

回答

以下是几款符合你要求的高性价比笔记本计算机及其优缺点分析。

1. 荣耀 MagicBook X 14 Plus

（1）优点

• 高性能处理器：搭载 AMD Ryzen7-8845hs 高性能处理器，基准频率为3.8GHz，加速频率高达5.1GHz，可轻松处理多任务、运行大型软件及一些轻度游戏，性能强劲。

• 优秀内存技术：配备32GB LPDDR5X 内存，频率高达6400MHz，读写速度快，延迟低，能保证系统的流畅运行。

……

（2）缺点

• 做工细节：部分用户反映产品的某些细节处做工不够精细，可能会影响使用体验。

• 散热问题：在长时间高负荷运行时，机身底部可能会产生较多热量，需要辅助散热。

• 屏幕角度：屏幕在某些角度下可能会显得较为刺眼，需要适时调整屏幕角度或休息。

通过上述提示词，豆包为小李提供几款符合他需求的笔记本计算机型号，并对每款笔记本的优缺点进行了详细分析。这些建议不仅帮助他找到了性价比高的产品，还让他对每款产品的性能、价格、品牌信誉和售后服务有了全面的了解，从而作出了明智的购买决策。

💡 **提示词进阶**

在构建提示词时，可以进一步细化电子产品的类型、性能要求或预算范围，以获得更加精准的挑选建议。例如：

请为我挑选一款适合游戏爱好者的台式计算机。需求包括：①性能卓越，能够满足大型游戏的运行要求；②价格控制在5000~7000元；③品牌信誉好，售后服务有保障；④外观设计时尚，符合年轻人的审美。请提供几款符合要求的台式机型号及其详细配置分析。

4.4.4 实战：快速生成美食平台评价

在美食平台上快速生成评价可以帮助用户分享自己的用餐体验，为其他消费者提供参考，同时也能激励餐饮业者提供更好的服务。

场景

王华最近在一家新开的餐厅用餐，他希望在美食平台上留下自己的评价，但对如何撰写详细的评价缺乏经验，希望得到专业的建议。

提示词

请帮我生成一条餐厅的评价。我最近在"美味轩"餐厅用餐，总体感觉不错，但有一些细节需要改进。请提供详细的评价内容，包括环境、服务、菜品和价格等方面，字数控制在200字以内。

回答

这次在"美味轩"用餐，整体体验良好。餐厅环境雅致，灯光柔和，桌椅摆放整齐，背景音乐舒缓，营造出舒适的就餐氛围。服务方面，服务员态度热情，响应及时，只是在上菜顺序上稍显混乱。菜品是一大亮点，每一道都色香味俱全，食材新鲜，口味独特，无论是主菜还是配菜都能感受到厨师的用心。不过，个别菜品盐味稍重。价格比较合理，性价比不错，在同类型餐厅中算是中等水平。希望餐厅能注意上菜顺序和菜品咸淡问题，这样就更完美了。期待下次再来时有更好的体验。

通过上述提示词，豆包能够帮助用户快速生成一条关于某餐厅的评价，提供详细的评价内容，包括环境、服务、菜品和价格等方面，有助于用户准确表达自己的用餐体验，提供有价值的参考信息。

在构建提示词时，应注重评价的详细性和客观性，明确用餐的各个方面。例如：

请帮我为昨晚的火锅用餐体验生成一则评价。食物方面，我对他们的特色羊肉卷和手工面条印象深刻，味道鲜美，食材新鲜。服务方面，服务员态度热情，响应迅速，但上菜速度稍慢。环境方面，店内装饰具有传统风格，氛围温馨，但稍显拥挤。总体而言，是一次愉快的用餐体验，我会推荐给喜欢尝试传统火锅的朋友。请帮我将这些要点整理成一则连贯、具体的评价。

4.5 财务管理

财务管理是个人和家庭经济稳定与增长的重要保障。通过科学合理地规划和管理，个人可以更好地实现财务目标，规避风险，提高生活质量。

4.5.1 实战：投资风险评估与资产配置建议

投资风险评估和资产配置是个人财务管理中的重要环节。通过合理地配置资产，可以最大化投资回报，同时控制风险。

场景

　　小李是一位有一定积蓄的上班族，他想进行投资，但对投资风险和资产配置不太了解，希望得到相关建议。

提示词

　　请帮我进行投资风险评估并提供资产配置建议。我是一位有一定积蓄的上班族，月薪8000元，有少量其他收入来源，积蓄金额为20万元，投资目标是长期增值，风险承受能力为稳健型，没有债务，有过一些投资，投资结果基本稳定。

回答

　　以下是一份针对你的投资风险评估和资产配置建议。

　　一、投资风险评估

　　1.财务状况评估

　　你有稳定的工作和收入，月薪8000元且有少量其他收入，没有债务，这为你的投资提供稳定的资金支持。20万元的积蓄也为你开展多样化的投资组合提供一定的基础。

这种财务状况表明你有一定的抗风险能力，但也要注意不能因为投资失误而对日常生活和长期财务规划造成重大影响。

……

资产配置不是一成不变的，你需要根据自己的投资目标、市场环境、个人财务状况等因素的变化，定期（如每年一次）对资产配置进行评估和调整，确保投资组合始终符合你的需求。同时，在投资过程中，要保持学习的心态，不断了解金融市场和投资产品的动态。

通过上述提示词，豆包为用户提供资产配置建议，包括股票、基金、债券等各类资产的配置比例和具体建议，有助于用户实现稳健增值的目标，规避潜在风险。

提示词进阶

在构建提示词时，应注重建议的个性化和市场适应性，明确个人的投资目标和风险偏好。例如：

请帮我根据我的风险承受能力中等、期望年化收益率8%的目标，进行投资风险评估。我当前的投资组合包括股票、债券和基金，请分析这些资产的当前表现，并提出一个多元化的资产配置方案。同时，考虑到全球经济形势，提供一些对冲风险的建议，以及在未来不同市场情况下的调整策略。

4.5.2　实战：教育基金规划与储蓄策略

教育基金规划是确保子女教育质量的重要财务准备。通过合理的储蓄策略，可以为子女的教育提供稳定的资金支持。

场景

小王是一位家长，他想为自己的孩子规划教育基金，孩子目前3岁，预计孩子18岁上大学，他希望得到相关建议。

提示词

请帮我规划教育基金并提供储蓄策略。我是一位家长，孩子目前3岁，预计孩子18岁上大学，家庭收入情况为月薪10000元，有少量其他收入来源，家庭积蓄金额为30万元，没有债务，需要考虑留学费用，预计留学费用为50万元。

> 回答
>
> 以下是一份教育基金规划和储蓄策略：
>
> 教育基金规划
>
> 1.目标金额计算
>
> 孩子18岁上大学，距离现在还有15年。如果考虑国内大学费用以及可能的留学费用，总共需要准备的资金为国内大学4年费用（暂估每年3万元~5万元，共12万元~20万元）加上留学费用50万元，共62万元~70万元。
>
> 2.教育基金投资期限分析
>
> 由于有15年的时间准备，这是一个相对较长的投资周期，可以充分利用时间价值和复利效应来积累资金。
>
> ……
>
> 每年对教育基金的储蓄和投资情况进行评估。根据家庭收入变化、市场行情等因素，适时调整储蓄金额和投资组合比例。如果家庭收入增加，可以适当增加投资比例；如果市场行情不佳，可以适当调整基金投资的方向或比例。
>
> 此外，在孩子成长过程中，可以鼓励孩子培养理财意识，合理管理零花钱和压岁钱等，也可以将这部分钱纳入教育基金的规划中。

通过上述提示词，豆包能够帮助用户制订一个教育基金规划与储蓄策略，包括具体的储蓄目标、投资建议和风险控制措施，有助于家长为子女的教育费用做好准备，减轻经济负担。

提示词进阶

在构建提示词时，应明确储蓄目标和时间框架，提供详细的规划和储蓄建议。例如：

请帮我制订一个教育基金规划与储蓄策略，孩子目前5岁，预计13年后上大学，每年学费约为5万元。具体要求如下：①储蓄目标：13年后累计储蓄50万元；②每月固定储蓄一定金额，如每月储蓄2000元；③投资增值：选择稳健增值的投资渠道，如定期存款、债券基金、教育保险等；④紧急备用金：保持一定的紧急备用金，用于应对突发事件，确保教育基金不受影响。

4.5.3 实战：选择车险的实用建议

选择合适的车险是确保车辆安全和减少经济损失的重要手段。通过科学合理地选择和配置，车主可以更好地保护自己的权益，降低意外损失。

场景

张薇最近购买了一辆新车，她需要选择一份合适的车险，以保障车辆和驾驶安全。

提示词

请帮我提供选择车险的实用建议，包括以下内容：①分析不同车险方案的覆盖范围和价格；②根据我的驾驶习惯和车辆情况，推荐合适的保险方案；③提供购买车险时应注意的事项。请确保建议实用、性价比高，并能满足我的保障需求。

回答

一、不同车险方案的覆盖范围和价格

（一）交强险

1.覆盖范围

交强险是法定强制保险，主要保障交通事故中第三方受害人的人身伤亡和财产损失。在责任限额内对受害人进行赔偿，例如，当您驾车碰撞行人或其他车辆时，交强险会承担相应的赔偿责任。有责情况下，死亡伤残赔偿限额为18万元，医疗费用赔偿限额为1.8万元，财产损失赔偿限额为0.2万元；无责时，死亡伤残赔偿限额为1.8万元，医疗费用赔偿限额为1800元，财产损失赔偿限额为100元。

2.价格

交强险的费用根据车辆类型、座位数等因素确定。以家庭自用汽车6座以下为例，基础保费是950元/年。若车辆在保险期间无有责交通事故，续保可享受一定的费率优惠，最多可优惠30%。

……

注意车险到期时间，提前做好续保准备。有些保险公司会提前提醒客户续保，您可以在续保期间根据车辆的实际使用情况调整保险方案。如果车辆的车主、使用性质、车辆改装等情况发生变化，要及时告知保险公司，否则可能会影响理赔。

通过上述提示词，豆包能够帮助用户选择合适的车险，提供交强险、商业险的具体建议。

提示词进阶

在构建提示词时，应注重保险方案的适用性和经济性，明确车主的需求和预算。例如：

请帮我分析市场上常见的几种车险方案，包括全险、第三方责任险等，并比较它们的保费和保障范围。根据我无事故记录的良好驾驶历史和新购买的中档轿车情况，推荐一个性价比高的保险方案。同时，提醒我在购买车险时应注意的条款细节，如免赔额、赔付流程和客户服务等。

第 5 章

创意设计：生成图像、音乐和视频

在数字化转型的浪潮中，AI技术正深刻改变着创意设计行业的面貌，本章将介绍豆包在创意设计中的强大应用，涵盖图像、音乐及视频的智能化生成。从实战角度出发，学习如何利用豆包快速生成同款或基于文字描述的独特图像，并掌握图像的精细化编辑与下载技巧。同时，还将体验豆包在音乐创作上的魅力，包括生成同款音乐、定制歌词及音乐的分享下载。最后，介绍一站式AI创作平台即梦AI，全面赋能创意设计工作。

5.1 图像生成

在创意设计的世界里，图像是传达信息的直观载体。随着AI技术的发展，生成独特且符合需求的图像变得前所未有的简单。豆包以其强大的生成能力，正逐步成为用户的得力助手。

5.1.1 实战：生成同款图像

豆包的【图像生成】功能提供丰富的图像模板，涵盖多种精选分类。对于新用户而言，可以通过复制现有的模板来快速掌握图像生成技巧和提示词生成图像的正确使用方法。

步骤 **01** 在侧栏中选择【图像生成】选项，进入其界面，可以看到不同分类的图像模板，将鼠标指针移至任意图像上，即会显示图像描述信息及【做同款】按钮，单击该按钮，如下图所示。

步骤 **02** 此时，该图像的提示词即会自动填入输入框中，其中的风格和比例参数可以进行调整，如下页图所示。

步骤 03 单击图像风格右侧的▾按钮，在弹出的列表中包含丰富的图像风格，例如这里选择【水彩画】风格，如下图所示。

步骤 04 使用同样的方法，调整比例参数，然后单击【发送】按钮⬆，如下图所示。

步骤 05 此时，豆包即会根据提示词生成4幅图像，如下左图所示。

步骤 06 如果想对图像进行调整，可以输入新的调整提示词，发送提示词后，即可生成新的图像，如下右图所示。

步骤 07 当用户希望放大显示图像效果时，单击生成的图像，即会进入编辑模式，左侧为对话窗格，如下图所示。

步骤 08 在对话框窗格中也可输入提示词进行图像调整，如下图所示。

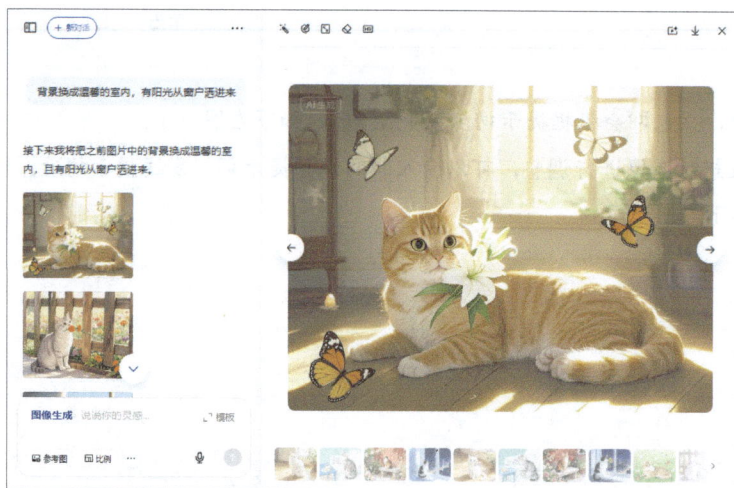

5.1.2　实战：使用文字生成画作

通过使用豆包生成同款图像操作，用户大致了解了其操作方法，用户还可以自定义提示词，快速生成对应的高质量图像。

步骤 01 选择输入框下方的【图像生成】技能，或者选择侧栏中的【图像生成】选项，此时输入框会显示参考图、比例和风格按钮。单击【风格】按钮，在弹出的列表中选择一种风格，如【卡通】，如下图所示。

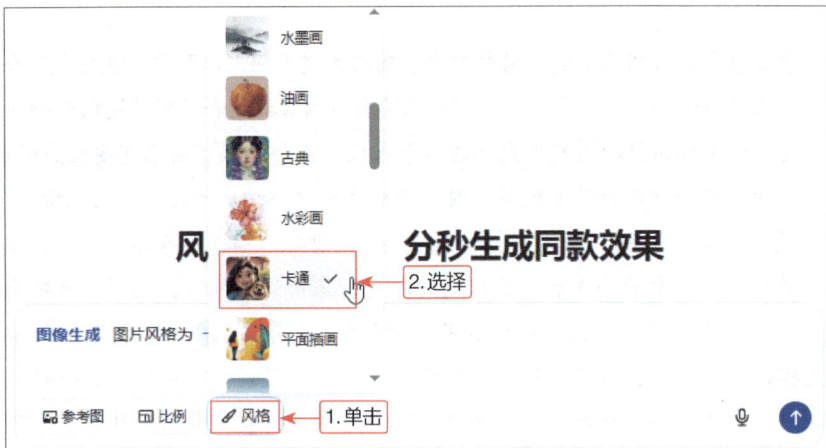

提示：如果不想选择模板及设置参数，可以在提示词前添加绘画的提示词，如"帮我生成图像：……"直接进行图像生成。

步骤 02 单击【比例】按钮，在弹出的列表中选择一种比例，如【9：16手机壁纸，人像】，如下图所示。

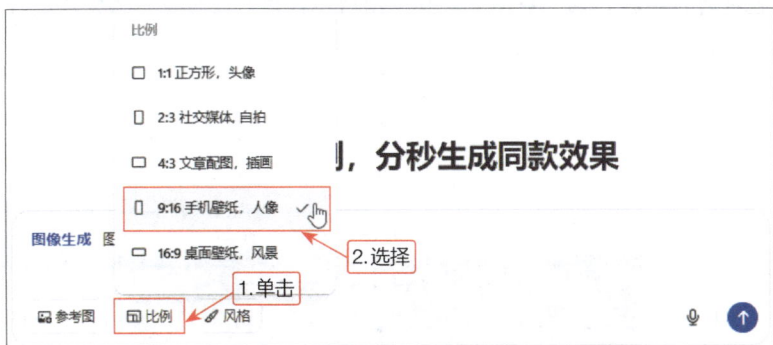

步骤 03 设置完成后，输入关键词或画面描述语句，然后单击【发送】按钮↑，如下页图所示。

提示： 在豆包中进行图像生成，用户需要准确描述提示词，以引导豆包生成符合用户需求的画作。在描述中，一般可以分为自然语言描述和排列关键词两种方式。

1.自然语言描述是指用户用完整的句子或段落来详细描述自己想要生成的画作。这种方式通常更加直观和易于理解，因为它允许用户详细地阐述画面的元素、色彩、构图、风格等各个方面。例如，用户可以说："我想要一幅描绘森林的画作，画面中有高大的树木、清澈的小溪和五彩斑斓的野花，采用油画风格，色彩要鲜艳而富有层次感。"这样的描述能够清晰地传达用户的需求，引导豆包生成符合要求的画作。

2.排列关键词是指用户将一系列与画作相关的关键词或短语组合在一起，以简洁明了的方式表达自己想要生成的画作。这种方式通常更加简洁和高效，因为它允许用户快速地输入多个关键词来指定画面的元素、风格等。例如，用户可以说："森林、树木、小溪、野花、油画、色彩鲜艳"，这样的关键词组合能够快速地传达用户的需求，但可能需要用户更加熟悉豆包等作画平台的操作方式和风格选项。

　　用户可以根据自己的需求和喜好选择适合的方式，也可以将二者进行结合，准确地描述画面主体、细节、镜头等。

步骤04 豆包即可根据提示词生成图像，如下图所示。用户还可以根据需求进行调整，以生成满意的作品。

5.1.3　实战：使用参考图生成画作

用户可以将某个图像作为参考图，把已有的参考图融入创作流程中，让生成的图像融合参考图的元素、风格，使创作更具针对性，更符合用户心中的设想，具体操作步骤如下。

步骤 01 在【图像生成】模式下，单击输入框中的【参考图】按钮，如下图所示。

步骤 02 弹出【打开】对话框，选择参考图，单击【打开】按钮，如下图所示。

步骤 03 在输入框中设置风格及比例，输入图像的提示词，然后单击【发送】按钮↑，如下图所示。

步骤 04 豆包即可根据参考图特征，并结合提示词，生成4幅画作，如下页图所示。

5.1.4　实战：下载图像

　　经过精心编辑和修改后，如何将图像保存下来以便后续使用呢？豆包提供便捷的下载功能，让用户能够轻松将图像保存至本地。

步骤01 如果要下载生成的图像，将鼠标指针移至缩略图上，单击显示的【下载原图】按钮，如下图所示。

步骤02 浏览器即可下载该图像，下载完成后，即会显示在下载列表中，单击【打开文件】超链接，如右图所示。

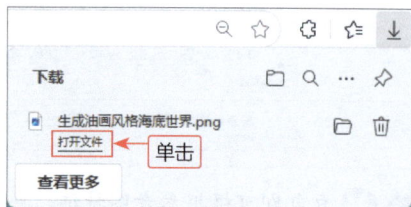

步骤03 查看下载的图像，如下页图所示。

5.2　图像的编辑与下载

　　豆包不仅擅长生成图像，还支持对生成图像和本地图像进行编辑创作，如从区域重绘到扩图，再到精准擦除，豆包提供全方位的编辑工具。本节将详细介绍如何运用这些功能，让生成的图像更加完美，并轻松下载保存，为后续的创意应用打下坚实基础。

5.2.1　实战：去除背景

　　通过简单的操作步骤，用户可以快速上传图像并借助豆包的强大算法，自动识别并分离图像主体与背景。无须复杂的手动编辑，即可获得干净、专业的去除背景效果。

步骤01 在侧栏中选择【图像生成】选项，进入其界面，单击【AI抠图】按钮，如下页上图所示。

步骤02 弹出【打开】对话框，选择要去除背景的图像，单击【打开】按钮，如下页下图所示。

步骤 03 此时，即会上传图像，并显示进度条，如右图所示。

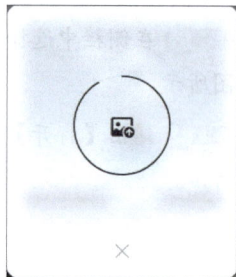

步骤 04 上传完成后，豆包会自动识别图像主体及背景，确认无误后，单击【抠出主体】按钮，如下图所示。

步骤 05 豆包即可快速抠出主体，用户可以对抠出的图像进行编辑，也可以单击【下载原图】按钮，进行下载，如下图所示。

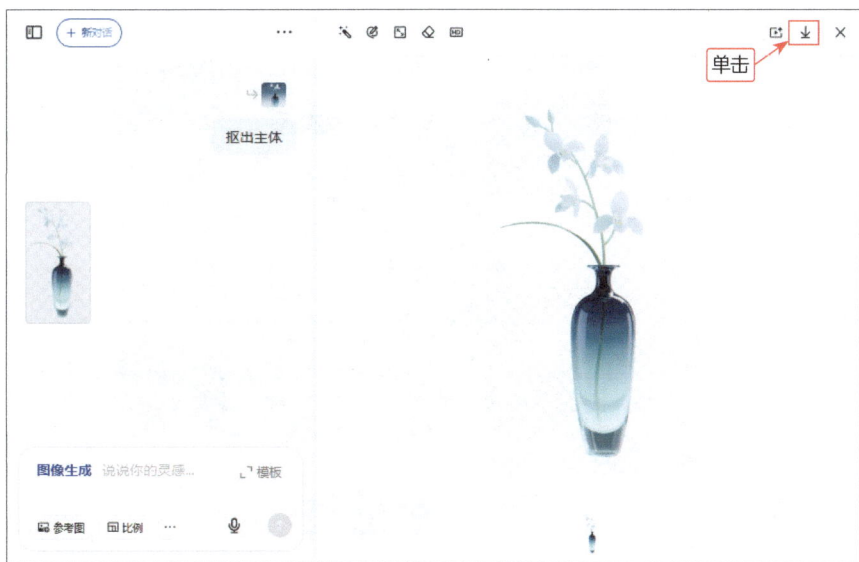

143

5.2.2 实战：擦除指定区域

在图像编辑中，有时我们需要去除图像中的某些不需要的元素或瑕疵。豆包的擦除指定区域功能，能够让用户轻松实现这一目标。

步骤 01 在【图像生成】界面，单击【擦除】按钮，如下图所示。

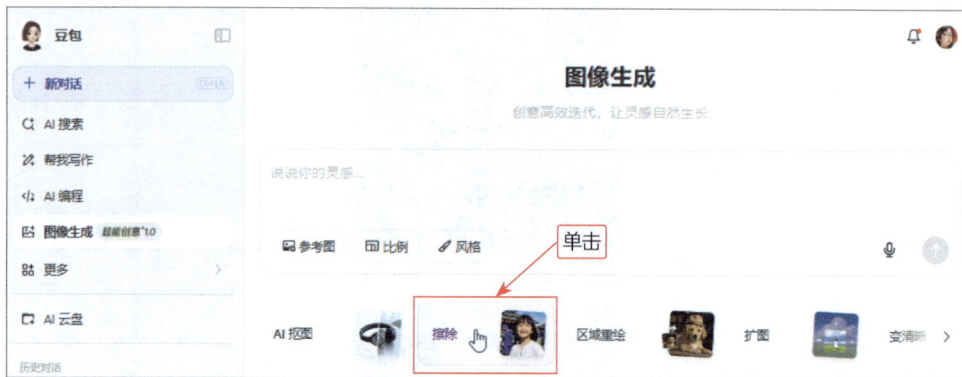

步骤 02 选择要编辑的图像，上传后选择要擦除的区域，然后单击【擦除所选区域】按钮，如下图所示。

步骤 03 豆包即可将所选区域清除，并智能填充，效果如下页图所示。

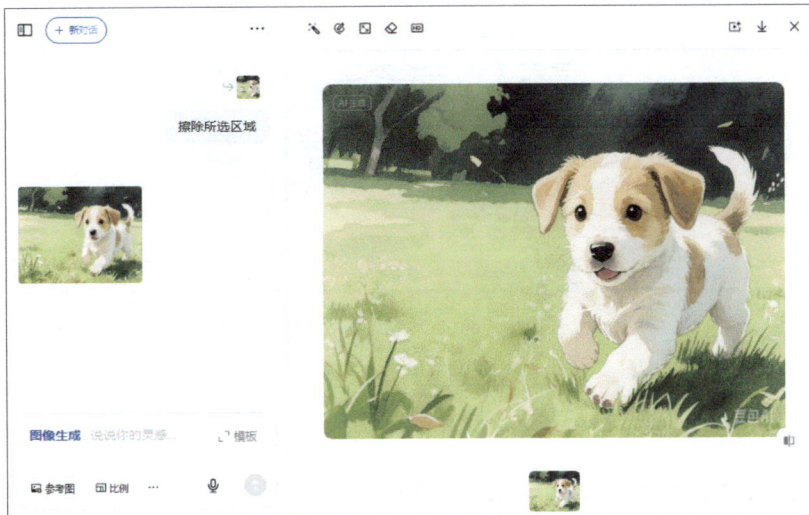

5.2.3 实战：区域重绘

在图像编辑的过程中，我们难免会遇到需要修改或完善局部区域的情况。豆包提供了区域重绘功能，让用户能够轻松地对图像中的特定区域进行重新绘制，而无须担心破坏整体效果。

步骤 01 在【图像生成】界面，单击【区域重绘】按钮，如下图所示。

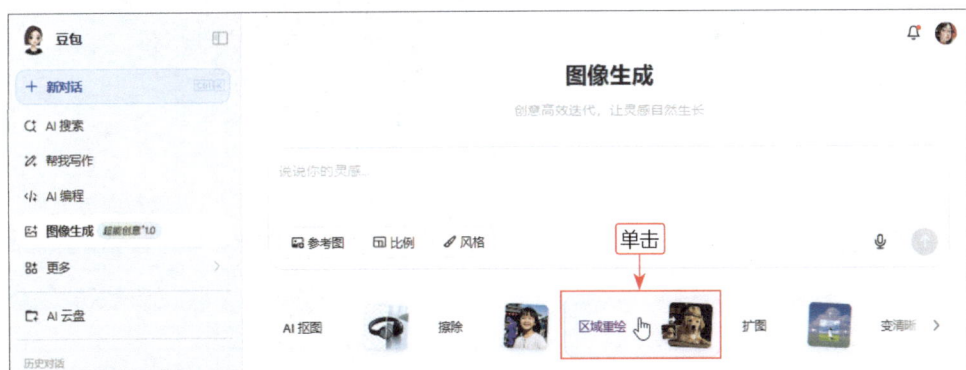

步骤 02 选择要编辑的图像，上传后选择要重绘的区域，然后输入要重新生成的内容，单击【发送】按钮，如下页图所示。

步骤 03 豆包即可重绘所选区域，效果如下图所示。

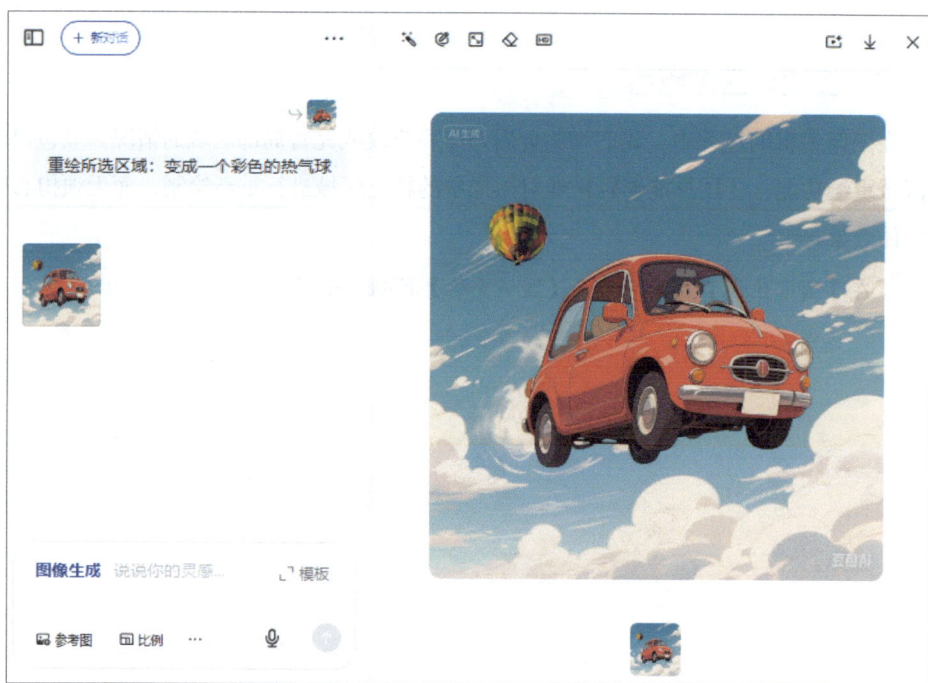

5.2.4 实战：扩图

有时，我们手中的图像尺寸可能无法满足特定的使用需求。这时，扩图功能就显得尤为重要。豆包能够智能地识别图像内容，并进行合理的扩展，让图像在保持原有风格和质量的同时，尺寸得到大幅提升。

步骤 01 在【图像生成】界面，单击【扩图】按钮，如下图所示。

步骤 02 选择要编辑的图像，上传后选择要调整的比例，然后单击【按新尺寸生成图片】按钮，如下图所示。

步骤 03 豆包即可按新的尺寸智能扩图，效果如下页图所示。

5.3　生成音乐和视频

豆包提供了智能化的音乐和视频生成功能，让零基础用户也能轻松创作专业级作品。本节将详细介绍如何用豆包生成同款音乐、创作个性化作品、下载分享成果，以及一键生成视频等。

5.3.1　实战：生成同款音乐

在音乐方面，豆包提供了丰富的音乐模板，用户可以选择模板中的音乐，生成同款音乐。

步骤 **01** 选择输入框下方的【音乐生成】技能，如下图所示。

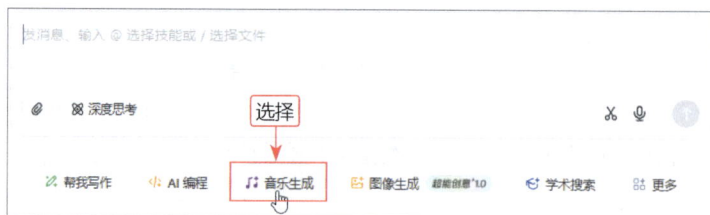

步骤 02 在显示的音乐模板列表中，选择要做同款的音乐，单击【做同款】按钮，如下图所示。

步骤 03 此时，该模板的提示词即会填充到输入框中，用户可以根据需求调整参数，单击【发送】按钮↑，如下图所示。

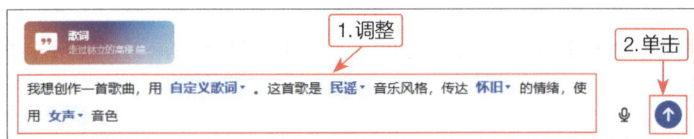

步骤 04 豆包即可生成音乐，如下图所示。

步骤 05 单击▶按钮，即可播放该音乐，如下页图所示。

5.3.2 实战：创作一首音乐

尝试了生成同款音乐后，用户可以自定义主题或自定义歌词，生成一首专属音乐，这样会更加有趣。

步骤 **01** 选择【音乐生成】技能，将自动填入音乐生成提示词，如下图所示。

步骤 **02** 默认为【AI帮我写歌词】选项，设定主题后，豆包自动生成歌词内容。这里选择【自定义歌词】选项，如下图所示。

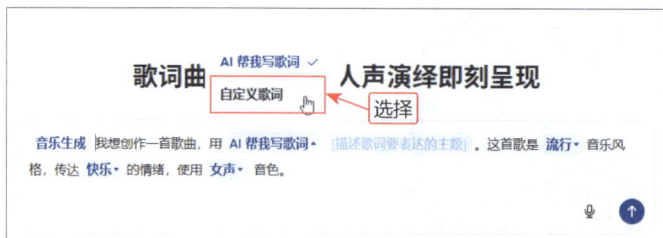

步骤 **03** 弹出【歌词】对话框，用户可以将歌词输入对话框中，最多支持200字，然后单击【确认】按钮，如下页图所示。

提示：关于歌词内容，用户可以通过提示词，用豆包进行生成，例如可以参考下方提示词：

你是一位作词家。请为我创作一首舒缓的爱情歌曲，歌词字数控制在200字以内。要求：①歌曲应包含主歌和副歌，确保音乐结构清晰，情感表达流畅；②演奏时间控制在1分钟左右，确保音乐节奏紧凑且易于把握；③歌词应简洁明了，易于理解和记忆。

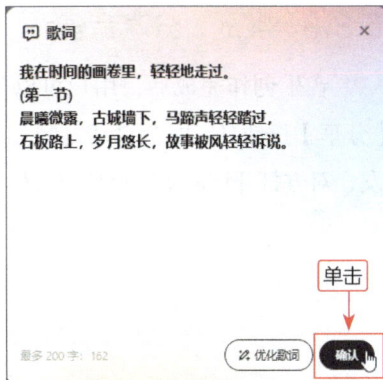

步骤 04 返回输入框，可以设置音乐风格、传达的情绪及音色等，然后单击【发送】按钮↑，如下图所示。

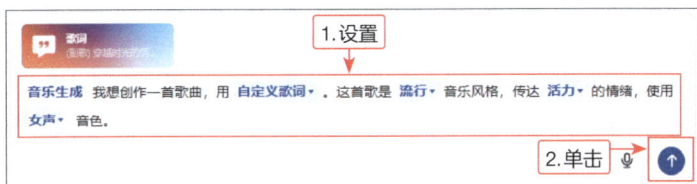

步骤 05 豆包即可创作一首音乐，可以进行试听，如下图所示。

151

5.3.3 实战：分享音乐

音乐创作完成后，用户可以分享自己的作品。单击【分享】按钮，即会自动复制分享链接，将其发送给好友，对方打开该链接即可播放音乐。

5.3.4 实战：生成视频

豆包的视频生成风格独特，可以根据要求智能剪辑视频，快速生成具有一定叙事结构和视觉效果的视频。

步骤 01 选择输入框下方的【视频生成】技能，如下图所示。

步骤 02 上传图片并输入要求，如"让图片中的两只小狗在草地上跑起来"，然后单击【发送】按钮，如下图所示。

步骤 03 豆包即可开始生成视频，生成时间较长，用户可以处理其他工作，等待即可，如下页图所示。

正在生成中，内测高峰期视频生成耗时较久，也可以先和豆包聊聊别的话题

⌂ 分享　…

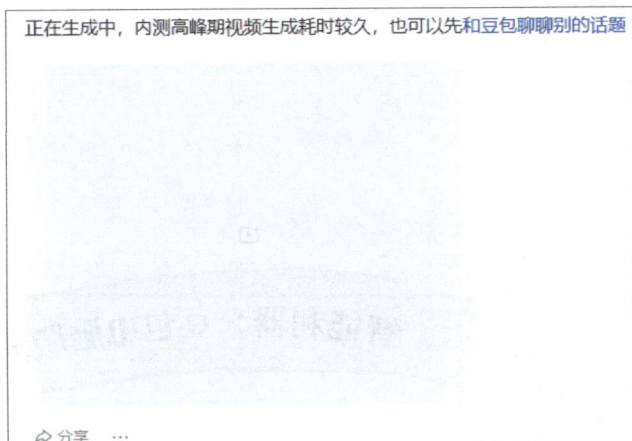

步骤 04 待视频生成之后，单击该视频即可进行播放，也可将其下载到本地，如下图所示。

第6章

智能利器：豆包电脑版的应用

　　除了网页版，豆包还为用户打造了便捷高效的电脑版，旨在提供更丰富灵活的AI交互体验。通过豆包电脑版，用户不仅能享受稳定的本地化服务，还能借助快捷键快速唤起智能工具、实现语音对话、文档协作等深度功能，全方位提升工作效率与数字生活品质。

6.1　下载和安装

在开始体验豆包电脑版带来的便利之前，首先需要完成豆包电脑版的下载与安装。

步骤 01 登录豆包网页版，单击右上角的头像，在弹出的下拉列表中选择【下载电脑版】选项，如下图所示。

步骤 02 此时，浏览器即会自动下载安装包，下载完毕后，单击【打开文件】超链接，如下图所示。

步骤 03 打开安装界面，单击【立即安装】按钮，如下图所示。

提示： 单击【自定义选项】按钮，可以自定义安装位置。如未进行设置，安装程序将默认选择系统盘作为安装位置。

步骤 04 此时即可进行安装，并显示安装进度，如下图所示。

步骤 05 安装完成后，即会关闭安装窗口，并自动打开豆包电脑版，如下图所示。

步骤 **06** 为了方便与网页版的对话及功能同步，单击右上角的【登录】按钮，使用同账户或手机号进行登录即可。登录后界面即会发生变化，如下图所示。

6.2 豆包电脑版的应用

在数字化办公日益普及的今天，效率成为职场人士最为关注的话题之一。豆包电脑版不仅继承了网页版的强大功能，还特别针对日常办公场景进行了优化，集成了多种实用工具，旨在帮助用户简化工作流程，提高工作效率。

6.2.1 电脑版的设置

软件设置是个性化体验的关键。在豆包电脑版中，用户可以依据自身需求和喜好来调整，让软件更贴合使用习惯。

步骤 **01** 打开豆包电脑版，单击右上角的头像下拉按钮，在弹出的菜单中选择【设置】命令，效果如下页图所示。

步骤 02 即可打开【豆包设置】页面,其中包含账户、通用设置等选项,用户根据需求进行设置和开关功能,如下图所示。

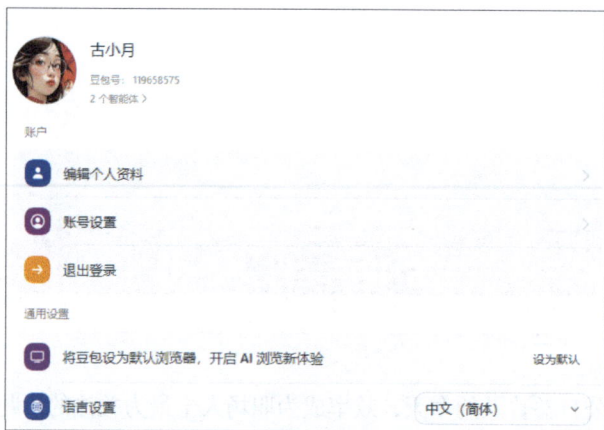

另外,用户还可以根据使用习惯设置窗口位置。方法是单击右上角的头像下拉按钮,在弹出的菜单中单击【窗口位置】中的位置布局按钮。

6.2.2　实战：快速唤起豆包AI启动器

豆包电脑版中的 AI 启动器是一个非常实用的工具。它可以让用户更快速地开启和使用豆包的 AI 功能。

通过按【Alt+Space】组合键即可快速唤起 AI 启动器，就像是打开了一个通向豆包智能服务的快捷通道。用户可以快速输入问题并获取答案，无论是知识问答、文本翻译、文案创作等诸多功能，都能在第一时间开启调用流程，大大提高了使用效率，不用再去手动寻找输入框或者各种工具入口，方便快捷地满足用户的需求，如下图所示。

如果用户希望调整显示的技能，可以选择侧栏中的【AI搜索】选项，进入对话，可以进行搜索，如下图所示。

6.2.3　实战：与豆包进行语音通话

语音通话功能为与豆包的交互带来新可能。无论是日常闲聊还是口语练习，都无须打字，通过语音就能和豆包问答，这种高效互动方式为更多应用场景创造了条件，快来体验这种便捷的交流模式。

步骤 01　打开豆包电脑版，单击输入框中的 📞 按钮，在弹出的列表中选择【语音通话】选项，如下页左图所示。

步骤 02　此时，即会弹出通话面板，对准计算机的麦克风，说出问题，如下页右图所示。

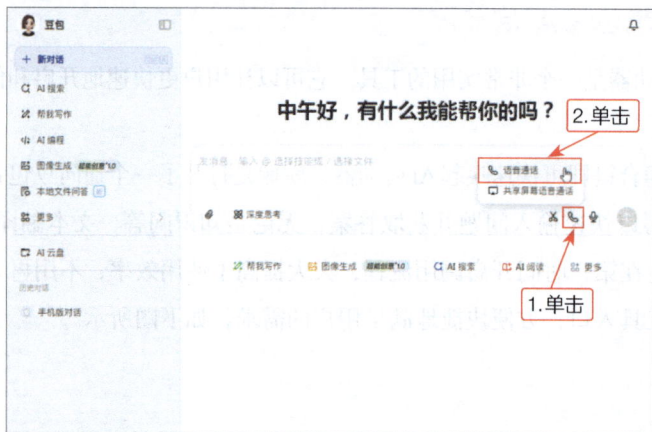

步骤 03 当说完后，豆包会识别听到的问题，并生成相应的答案，如右图所示。

步骤 04 回答完，可以继续提问，豆包同样会生成相应的答案。当单击【挂断通话】按钮 📞，即可关闭该对话框，如下图所示。

6.2.4　实战：润色聊天内容

在微信、QQ 或邮件中，如何让自己的文字更加得体、有说服力？豆包电脑版为用户提供润色聊天内容的实用功能。只需简单选中文字，豆包就能为用户提供优化建议，让沟通更加顺畅。

步骤 01 选择要发送的消息，在弹出的工具栏中，选择【写正式点】技能，如下图所示。

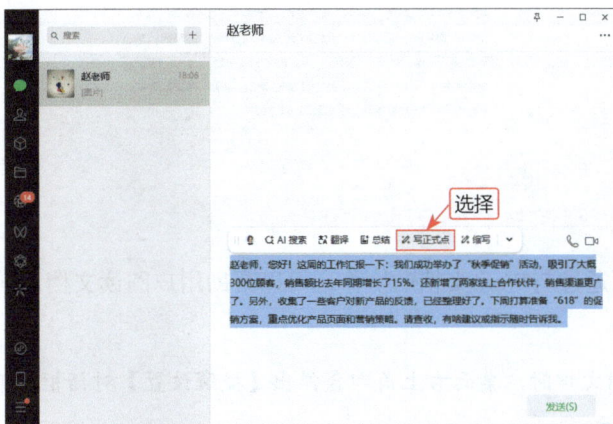

> **提示：** 用户可以根据需求，调整技能，例如写作改进、扩写、调整语气等。

步骤 02 豆包即会根据提示词调整内容，如果确认无误，单击【替换】按钮↑↓替换选中的文本；如果想保留选中的文本，单击【插入】三按钮，如下图所示。

注意: 如果对内容不满意,可以单击○按钮重新生成。

步骤 03 插入后,用户可以根据实际情况进行调整,如下图所示。

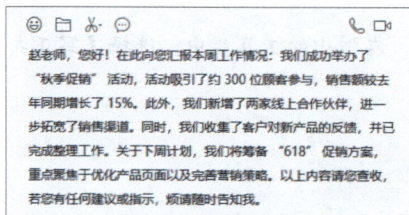

6.2.5 实战: 豆包与Word的应用协作

豆包电脑版通过与Word文档的协作,可以帮助用户阅读文档,进行内容创作等,提高工作效率。

步骤 01 打开Word文档时,桌面右上角即会弹出【提醒设置】对话框,单击【一起工作】按钮,如下图所示。

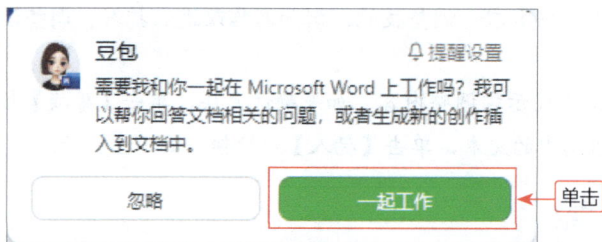

提示: 豆包的"AI功能提醒"默认是开启的,如果该功能未启用或需要添加需要提醒的应用,可打开【豆包设置】页面,选择【AI工具】区域下的【AI功能提醒设置】选项,进入该界面。确定【共享应用给豆包一起工作的提醒】功能已开启,然后单击【需要提醒的应用】右侧的 > 按钮,添加需要提醒的应用即可。

步骤 02 弹出对话框,可以直接输入指令进行对话。例如输入"总结这篇文档",豆包就会自动生成总结,如下页图所示。

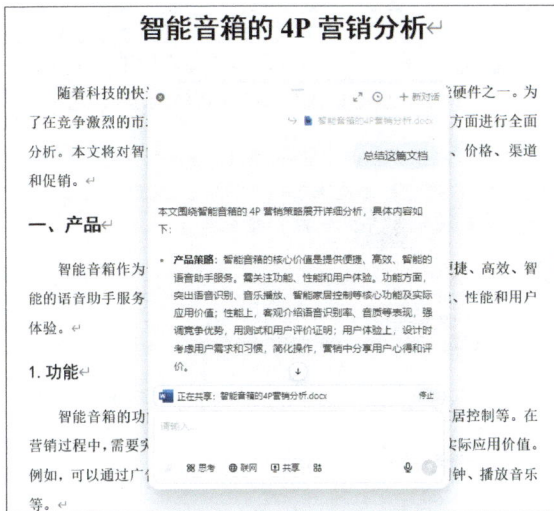

步骤 03 豆包协作还支持内容创作功能。例如在对话框中输入"帮我写一下，线上与线下渠道如何协同（如线上购买、线下体验店提货）"，即可获得相应的写作内容，如下图所示。

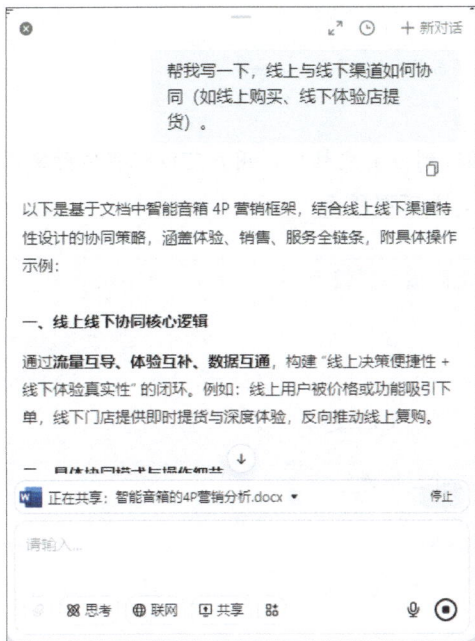

步骤 04 生成内容后，对话框中会显示AI创作的结果。单击【复制】按钮 ⧉ ，再单击【插入】按钮，如下页图所示。

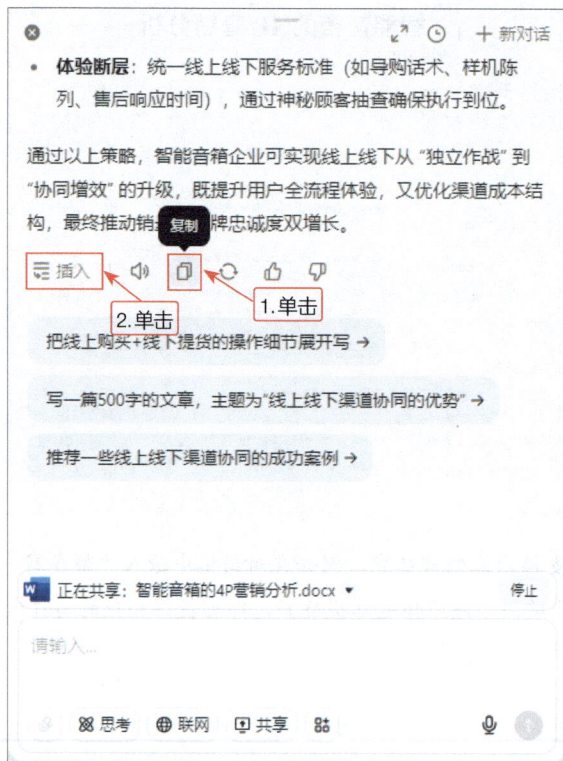

步骤05 内容就会自动插入到当前文档中，用户可以根据实际需求，对插入内容的序号、字体和样式等进行调整，如下图所示。

---

4. 线上线下协同核心逻辑

通过流量互导、体验互补、数据互通，构建"线上决策便捷性+线下体验真实性"的闭环。例如：线上用户被价格或功能吸引下单，线下门店提供即时提货与深度体验，反向推动线上复购。

5. 具体协同模式与操作细节

1.线上购买+线下提货（效率优先型）

适用场景：用户急需产品或希望节省物流时间（如节日送礼、临时需求）。

2.线上环节：

在电商平台/品牌官网标注"线下门店极速自提"标签，显示离用户最近的3家门店地址、库存状态。

第7章

移动助理：手机中的专属AI助手

在数字时代，智能手机已成为我们生活中不可或缺的一部分。本章将深入探讨豆包App作为手机中的专属AI助手，如何通过个性化设置与特色功能，极大地丰富和便利我们的移动生活体验。从实时语音通话到拍题答疑，再到订阅豆包日报、健康咨询、声音克隆以及发现和创建智能体，每一环节都展现了豆包App在提升用户效率、娱乐性和个性化服务方面的独特魅力。

7.1 豆包App的个性化设置

随着AI在日常生活中的普及，豆包App成为我们不可或缺的伙伴。为了更好地利用这一工具，了解其设置显得尤为重要。本节将深入探讨豆包App的个性化设置，让用户轻松掌握全能助手的配置技巧，使豆包更懂用户的心。

步骤01 在手机中下载并安装豆包App，启动该应用，即可进入其主界面。在【对话】列表中，显示了与智能体对话的历史记录。如果要与豆包进行对话，则点击【豆包】按钮，如下左图所示。

步骤02 此时，即可进入与豆包的对话页面，进行互动。当需要对豆包进行设置时，可点击 > 按钮，如下右图所示。

步骤03 进入豆包智能体设置界面，可以在列表中根据选项进行设置和操作。例如，点击【设置形象】选项，如下页左图所示。

步骤04 进入【设置形象】页面，豆包提供两种形象，用户可以根据需求进行选择。点击声音右侧的【更改】按钮，如下页右图所示。

步骤05 进入【智能体声音】页面，其中包含不同分类的声音，用户可以在列表选择和试听合适的声音，如下左图所示。

步骤06 另外，豆包支持连接智能体耳机，在豆包智能体设置页面，可以连接豆包的Ola Friend智能体耳机，实现更多AI操作体验，如下右图所示。

如果需要对账号、背景及字号等进行设置，可以单击【我的】页面的【设置】按钮，进入其界面进行设置。

7.2 豆包App的特色功能

豆包App不仅具备基础的对话能力，更拥有众多特色功能，让AI的应用更加丰富多彩。本节将带用户一一领略这些特色功能的魅力，让生活因豆包而更加精彩。

7.2.1 实战：实时语音通话

实时语音通话让用户与豆包的对话更加即时，还支持英语陪练等情景的互动。本小节将带用户体验这一功能，感受与豆包无缝交流的畅快淋漓。

步骤 01 在与豆包对话页面中点击【打电话】按钮，如右图所示。

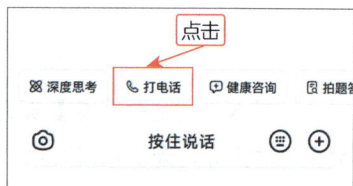

步骤 02 拨通后，即可进入与豆包语音聊天的页面，可随时说话，与豆包进行互动，如下左图所示。

步骤 03 点击界面中的【选择情景】按钮，在展开的情景中，用户可以根据需求进行选择，例如点击【英语陪练】情景，如右侧右图所示。

步骤 04 即可进入与豆包的英语陪练情景对话，如下左图所示。

步骤 05 挂断通话，可以看到与豆包的对话记录，如下右图所示。

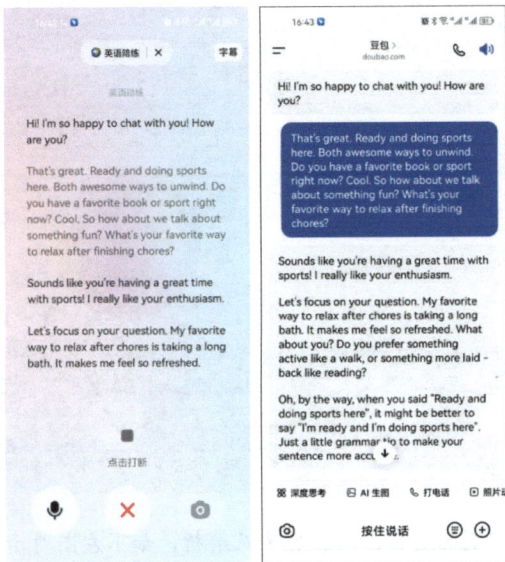

7.2.2 实战：拍题答疑

拍题答疑功能可以让用户拍摄照片或者从相册中选择一张照片，即可进行提问，豆包可以帮用户找到相关答案或信息。

步骤 01 在与豆包对话页面中，点击【拍题答疑】按钮，如下图所示。

步骤 02 豆包即会调用手机的相机功能，将摄像头对准纸面，使题目置于框内，点击【拍摄】按钮，如下页左图所示。

步骤 03 拍摄完后，用户可以拖曳方框，选择题目的区域，然后点击【确认】按钮，如下页右图所示。

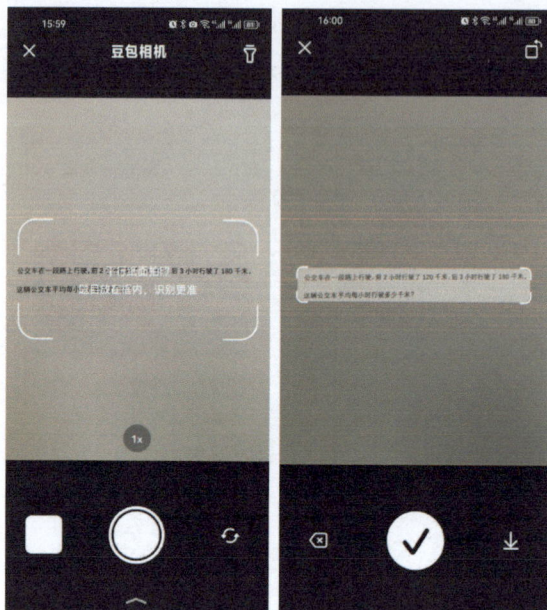

步骤 **04** 豆包即会根据识别的题目，给出答案及解析，如下左图所示。

步骤 **05** 用户可以下滑查看详细的解析，如下右图所示。

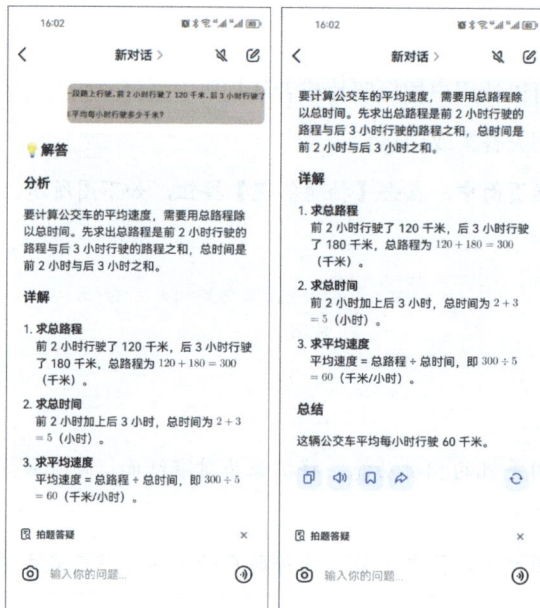

7.2.3　实战：订阅豆包日报

豆包的"豆包日报"订阅服务，每天会根据用户的兴趣偏好推送精选新闻，涵盖科技、财经、文化等多个领域。这不仅能让读者第一时间掌握资讯动态，还能拓宽知识面，提升自我。

步骤01 在功能菜单中，点击【豆包日报】按钮，如右图所示。

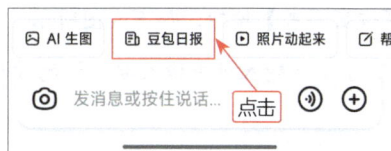

步骤02 即会显示豆包日报信息，点击…按钮，在弹出的菜单中，将【订阅豆包日报】功能开启，然后点击【修改偏好和时间】选项，如下左图所示。

步骤03 弹出【设置资讯偏好】面板，可以根据需要选择资讯主题和推送时间，然后点击【保存】按钮，如下右图所示。

步骤04 订阅成功后，豆包即会推送订阅信息。点击【听一听】按钮，如右侧左图所示。

步骤05 即可根据订阅的资讯，进行播放，如右侧右图所示。

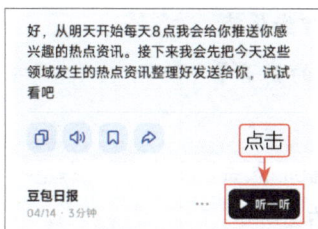

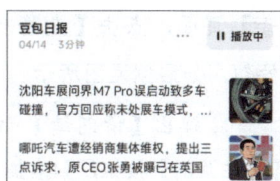

7.2.4 实战：健康咨询

豆包App整合了专业的健康知识和智能问答系统，为用户提供即时的健康咨询服务。无论是日常保健还是疾病预防，用户都可以通过这一功能获得可靠的建议和支持。

步骤01 在功能菜单中，点击【健康咨询】按钮，豆包即会显示4个提示信息，如点击【健康科普】按钮，如下左图所示。

步骤02 在输入框中输入要咨询的健康问题，豆包即可回复信息，如下右图所示。

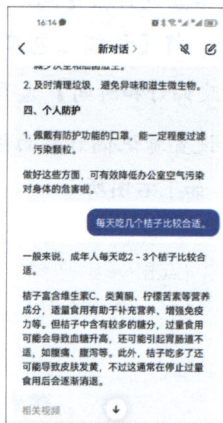

7.2.5 实战：克隆自己的声音

在豆包中，用户可以根据提示录制自己的声音，为豆包定制一个属于自己的专属声音，可以用于各类智能体。

步骤01 在豆包智能体设置页面，点击【声音】选项，进入【智能体声音】页面，点击【克隆我的声音】按钮，如右侧左图所示。

步骤02 弹出【请朗读】面板，点击【按住录制】按钮，如右侧右图所示。

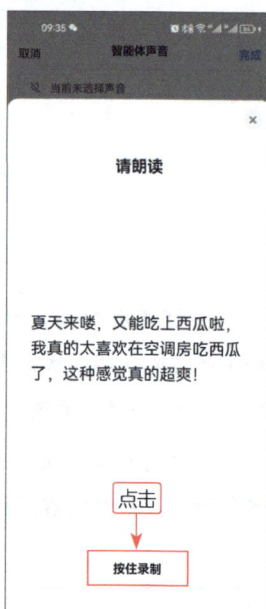

步骤 **03** 此时，用自然的语气读完页面中的文本，然后松手，如下左图所示。

步骤 **04** 开始生成声音，如下右图所示。

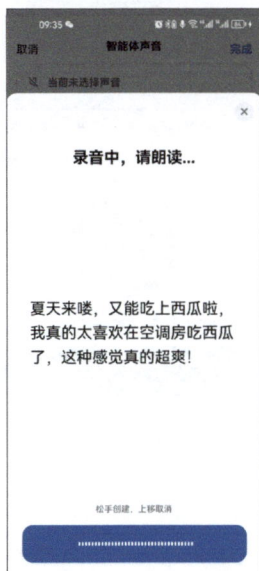

步骤 **05** 生成完成后，豆包会自动播放，用户可以试听克隆后的效果，如下左图所示。

步骤 **06** 点击 按钮，可以调整声音的音高和语速，如下右图所示。当设置完成后，在创建智能体或修改智能体时，可以应用自己的专属声音。

7.2.6 实战：发现和创建智能体

豆包中包含丰富的智能体，涵盖头像生成、拍照问、学习及绘画等多个领域，用户还可以根据需要创建属于自己的智能体。

步骤 01 点击底部的【发现】按钮，即可看到不同的分类及分类下的智能体列表，如下左图所示。

步骤 02 如果要使用某个智能体，点击该智能体即可使用，如下右图所示。

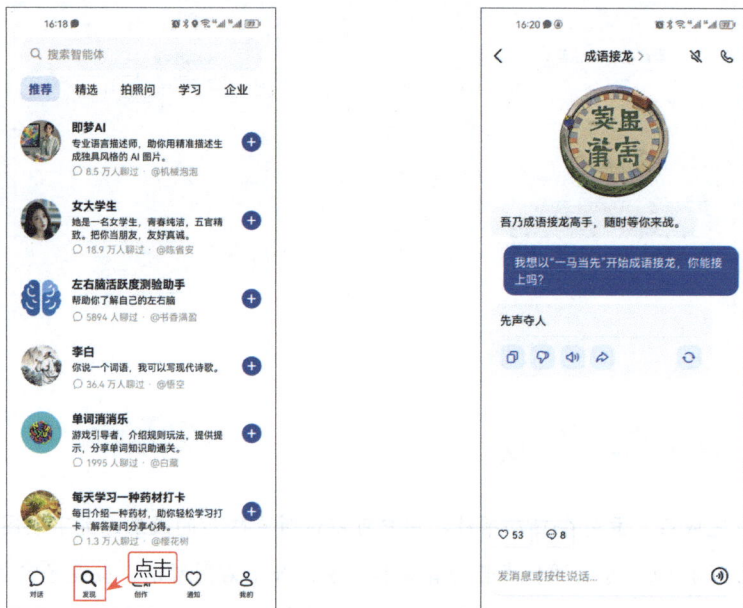

另外，用户还可以根据需求创建一个智能体，具体操作步骤如下。

步骤 01 点击底部的【创作】按钮，如下左图所示，在展开的列表中点击【创建AI智能体】按钮，如下右图所示。

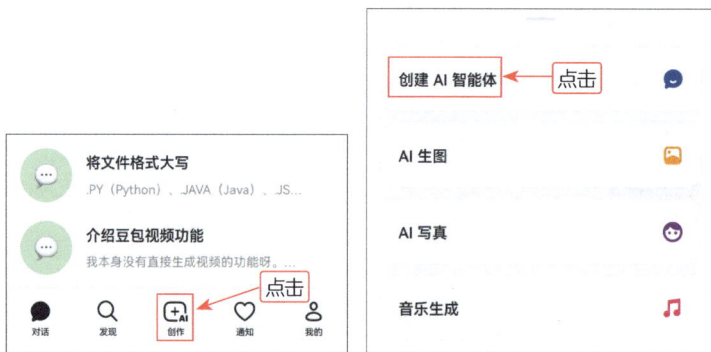

步骤02 进入【创建AI智能体】页面，在【名称】文本框中输入智能体名称，然后点击右上角的【一键完善】按钮，如右侧左图所示。

步骤03 AI即可自动完善其余信息，用户还可以根据需求进行调整，然后点击【创建智能体】按钮，如右侧右图所示。

步骤04 在弹出的【确认智能体权限】面板，选择智能体的权限，然后点击【确定】按钮，如右侧左图所示。

步骤05 至此，即会创建完成智能体，此时即可与其进行互动，如右侧右图所示。